¿En qué
**piensan**
las abejas?

MATHIEU LIHOREAU

# ¿En qué
# piensan
# las abejas?

EDICIONES PIRÁMIDE

COLECCIÓN «CIENCIA HOY»

Diseño de cubierta: Anaí Miguel

Titulo original: *A quoi pensent les abeilles?*

Traductora: Magalí Martínez Solimán

Ediciones Pirámide se compromete
con el medio ambiente reduciendo
la huella de carbono de sus libros.

PAPEL DE FIBRA
CERTIFICADA

© Éditions humenSciences / Humensis, 2022
© Mathieu Lihoreau
© Ediciones Pirámide (Grupo Anaya, S. A.), 2024
Valentín Beato, 21. 28037 Madrid
Teléfono: 91 393 89 89
www.edicionespiramide.es
Depósito legal: M. 7.603-2024
ISBN: 978-84-368-4932-5
Printed in Spain

# ÍNDICE

# PRÓLOGO
## ¿QUÉ ES UNA ABEJA?

¿Has observado alguna vez un insecto? Me refiero a observarlo de verdad. Acercándote lentamente a él. Durante varios segundos. Sin perturbarlo. ¿Te has preguntado lo que le podría estar pasando por la cabeza mientras tú lo contemplabas? ¿Acaso sentía miedo? ¿Te ignoró? ¿Llegó realmente a darse cuenta de que tú estabas ahí?

Al igual que los humanos, los insectos disponen de órganos para ver, sentir y tocar. También tienen un cerebro que ocupa la práctica totalidad del volumen de su cabeza. Pero, a diferencia de nuestro cerebro, el suyo es minúsculo, del tamaño de una lenteja. Cabe legítimamente preguntarse para qué sirve y cómo funciona. ¿Están dotados los insectos de inteligencia? ¿Sienten emociones? ¿Tienen consciencia? ¿Sentido creativo?

Llevo unos quince años trabajando en estos temas. Sin embargo, mi relación con los pequeños invertebrados dotados de cabeza, tórax, abdomen, seis patas y (casi siempre) alas comenzó fatal.

Al principio los maltrataba. De niño, vivía en una casa con jardín. Como muchas criaturas de corta edad, me había dado por comerme todo lo que encontraba por el suelo. A menudo eran hormigas. Otras veces la tomaba con las mariquitas, para angustia de mis padres, que, sin embargo, siempre se encargaban de que estuviera bien alimentado. Luego, al hacerme mayor, empecé a jugar a la guerra. Asediaba los hormigueros con mis soldaditos de plástico, instando a su comandante a que se presentara. Entonces estaba muy lejos de imaginar la inmensa entrega de estos insectos, que protegen a cualquier precio a su reina y no dudan en picar o en morder a todo intruso que pretenda acercarse a ella. Más tarde quise adiestrarlas. Introducía un montón de hormigas en un tarro de mermelada vacío cuya tapa había perforado para que pudieran respirar. Luego les metía unas briznas de hierba para que no murieran de hambre y unas chinches que les hicieran compañía. Por desgracia para estas, las hormigas pueden ser muy agresivas y necesitan proteínas animales para alimentar a sus larvas y reproducirse...

De mayor, aprendí a amarlas. En la universidad descubrí la etología, la ciencia que estudia el comportamiento animal. Durante las clases de prácticas, nos ponían vídeos de animales y debíamos anotar todo lo que observábamos para tratar de comprender sus comportamientos. ¿Cuántas veces tenía una gaviota argéntea que mendigarle a su madre el alimento para conseguir un pez? ¿Cuánto tiempo tardaban los gansos percebe en tomar la decisión de dejar de pastar para levantar la cabeza y poder vigilar la presencia de depredadores? Aquellos vídeos resultaban interminables. Pero despertaron en mí una vocación.

Poco a poco, empecé a observar a los animales que me rodeaban con una mirada nueva. Primero intenté fotografiar pájaros. Pero, a medida que la tarjeta de memoria de mi cámara se iba llenando de fotos fallidas, fui comprendiendo que era mucho más fácil realizar hermosas fotografías de insectos. Por ejemplo, un abejorro puede permanecer varias decenas de segundos libando una flor, sin moverse, con un objetivo situado a dos centímetros de sus antenas. A las moscas grulla (o típulas o zancudos gigantes) no hay quien las mueva cuando están tomando el sol en una pared. Desde luego, los insectos eran fotogénicos, pero no tanto como para dedicar mi vida a estudiarlos. Me veía más bien trabajando con animales más carismáticos, como los grandes simios o las ballenas. Al fin y al cabo, cuanto más grandes son los animales, mayor es su cerebro y más inteligentes deben de ser, ¿no? Pues nada de esto se ha cumplido. Y trataré de explicarte por qué esa lógica no es implacable.

Descubrí la investigación con mi profesor de etología, y entonces no me importó realmente cuál era el trabajo que me proponía. Yo tenía que hacer unas prácticas y necesitaba una buena nota. Alain Lenoir había dedicado su carrera al estudio de la comunicación química en las hormigas. Con él disequé cientos de hormigas y analicé sus olores mediante técnicas fisicoquímicas[a]. Nada de comportamiento. Ni de chimpancés. Pero al cabo de varias semanas de trabajo, llegué a la conclusión de que el olor de las hormigas francesas era diferente del de las hormigas españolas, aunque pertenecieran a la misma especie. Como no había leído con detalle la literatura científica (cosa que siempre hay que hacer antes de abordar cualquier tema de investigación), ignoraba que no había descubierto nada nuevo: en la mayoría de las especies de hormigas, los miembros de una misma colonia presentan el mismo olor, que viene en parte determinado por los numerosos genes que comparten. Por tanto, unas hormigas procedentes de colonias geográficamente alejadas (por ejemplo, a ambos lados de los Pirineos) lo están también genética y olfativamente. A pesar de mi perogrullada, Alain parecía satisfecho con mi trabajo y me animó a que siguiera por aquella vía. Lo hice con entusiasmo, y llegué así a apasionarme por la personalidad de las cucarachas, el voto de las moscas, la navegación de los abejorros, el aprendizaje de las abejas y muchos otros aspectos de la vida íntima de los insectos que relato en los capítulos de este libro.

Ahora soy etólogo. Estudio la inteligencia de los insectos. O sea que, todavía hoy, ni grandes simios ni cetáceos. Pero sí un inmenso placer por enfrentarme a un mundo que, paradójicamente, sigue siéndonos en gran medida desconocido. A menudo alzamos la vista al cielo y nos preguntamos lo que habrá allí arriba y si nuestra existencia tiene algún sentido[b]. Bajar la mirada al suelo también puede ser una fuente de fascinación y enseñarnos muchas cosas sobre nuestro mundo, y sobre nosotros mismos.

Hasta hace muy poco tiempo, se consideraba que los insectos estaban desprovistos de toda forma de inteligencia o, como sostenía el filósofo y científico francés René Descartes (1596-1650), que eran

---

[a] La cromatografía de fase gaseosa permite separar las moléculas de una mezcla por vaporización. A menudo se combina con la espectrometría de masas para luego identificar las moléculas midiendo su masa.

[b] En el momento en que escribía estas líneas, los medios de comunicación retransmitían de forma masiva la partida de Thomas Pesquet rumbo a su segunda misión en la Estación Espacial Internacional de investigación.

simples «máquinas reflejas»[1]. Ahora sabemos que todos los animales están dotados de ciertas formas de inteligencia y que estas evolucionan con las especies. Los insectos no son una excepción. Tienen un repertorio cognitivo extremadamente rico que a veces nos desconcierta. Esto resulta tanto más sorprendente cuanto que su cerebro es ridículamente pequeño comparado con el nuestro. Esta sofisticación mental no es fruto de la imaginación de un investigador aislado (yo), sino de miles de observaciones científicas rigurosas e independientes referidas por centenares de personas desde hace más de un siglo.

En este libro presento las diferentes formas de inteligencia descritas en los insectos y comento sus límites. Te hablaré principalmente de unas especies estudiadas en gran profundidad desde hace varios siglos y que conozco bien: las abejas.

Pero ¿qué es una abeja? Aunque la abeja melífera *(Apis mellifera)*, domesticada desde la Antigüedad, tiende a ser la protagonista, las abejas comprenden cerca de veinte mil especies, emparentadas con las avispas y las hormigas. Este clado incluye todas las especies de abejas productoras de miel (ocho especies que también explotamos por su cera, su propóleo y la polinización de los cultivos), los abejorros (doscientas cincuenta especies, algunas de las cuales también se han domesticado para la polinización), las abejas sin aguijón (quinientas especies que, como su nombre sugiere, no pican) y miles de especies de abejas solitarias a las que se suele dedicar menos atención pero cuya importancia es crucial para nuestro medio ambiente.

Este libro no constituye un repertorio exhaustivo de los conocimientos sobre estas abejas. Para tal fin, te recomiendo algunas obras de mis colegas investigadores[2] o las guías prácticas dirigidas a los apicultores[3]. Se trata más bien de una recopilación de avances científicos, anécdotas y reflexiones sobre su inteligencia y sobre la profesión de etólogo en el siglo xxi. Muchos de estos descubrimientos se han realizado con abejorros. Estos suelen confundirse con los «falsos abejorros», que son los machos de las abejas melíferas. Los «verdaderos» abejorros son unas abejas sociales, redondas y peludas, muy comunes en los jardines y que a menudo gozan de nuestra simpatía. Resultan fáciles de criar en cajas de zapatos y en pocos años se han convertido en especies modelo para estudiar el comportamiento de las abejas en general[c], un poco del mismo modo que los ratones de laboratorio lo son para estudiar los mamíferos. El equipo que dirijo en Toulouse se dedica al estudio de su inteligencia.

Para comprender mejor la psicología de estos insectos, tenemos que tratar de proyectarnos en su universo, tal como lo conocemos o, más bien, tal como nos lo imaginamos. Es lo que los etólogos tratan de hacer todos los días. Mientras no se demuestre lo contrario, las abejas no nos hablan. No pueden explicarnos lo que sienten ni lo que comprenden ante una determinada situación (y si esto te ocurre a ti algún día, probablemente te darán el premio Nobel). Y aunque hemos empezado a ser capaces de traducir los pensamientos humanos a través de la imagenología cerebral y la inteligencia artificial, todavía estamos muy lejos de conseguir la descodificación de los de los insectos. Por tanto, intentaré sumergirte en el mundo de estas pequeñas criaturas basándome en experimentos que me han permitido desencriptar diferentes aspectos de su comportamiento y construir poco a poco una representación de su vida interior. La dificultad adicional, con seres tan alejados de nosotros, es que cuentan con un sistema sensorial muy distinto al nuestro. En su caso, los órganos equivalentes a nuestros ojos, nuestras orejas, nuestra nariz, nuestra boca y nuestros dedos gozan de capacidades de las que nosotros carecemos. El universo de los insectos nos es pues en gran medida invisible. El biólogo y filósofo alemán Jakob von Uexküll (1864-1944) describía este espacio sensorial como una «pompa de jabón»[4], una burbuja. Cuando intentamos penetrar en la burbuja de un animal recurriendo a nuestra imaginación, nuestro entorno se transforma. Algunos elementos que conseguíamos ver desaparecen a medida que nos adentramos en la burbuja, mientras que otros resaltan más porque tienen un significado biológico importante para el animal.

---

[c] Los abejorros presentan numerosas ventajas para la investigación: están domesticados, viven en pequeñas colonias, son poco agresivos y pueden utilizarse en el laboratorio durante todo el año. Suele recurrirse a tres especies: el abejorro terrestre (*Bombus terrestris*) en Europa, el abejorro febril (*Bombus impatiens*) en Norteamérica y el abejorro asiático (*Bombus ignitus*) en Asia. También se utilizan mucho para la polinización porque, contrariamente a las abejas melíferas, los abejorros son capaces de polinizar por sonicación. Esta forma de polinización es necesaria para la reproducción de numerosas plantas cultivadas, como los tomates y las berenjenas.

Por ejemplo, yo vivo estupendamente sin saber distinguir el olor de una margarita del de un diente de león; en cambio, para una abeja, la diferencia es fundamental. Su burbuja le permite hacerlo. En cambio, supongo que las abejas son incapaces de distinguir una sinfonía de Mozart de un éxito de Julio Iglesias. Porque solo nuestra burbuja nos permite hacerlo. Pero entonces, ¿cómo es la burbuja de una abeja? ¿Qué informaciones extrae esta de su entorno? ¿Y cómo las utiliza para tomar decisiones inteligentes? Responderé a estas preguntas basándome en los conocimientos procedentes de la investigación científica. Por tanto, todo lo que te dispones a leer es cierto. Al menos los experimentos lo han demostrado con una probabilidad de error inferior al 5 %[d].

---

[d] Según las normas, en biología se considera que un resultado es significativo (cierto) cuando una prueba estadística presenta una probabilidad inferior al 5 % de que dicho resultado sea falso. Si la probabilidad es igual o superior al 5 %, el resultado no es significativo.

# 1

## PROBLEMAS DE ORIENTACIÓN

No sé si a ti te pasa, pero yo carezco completamente del sentido de la orientación. Desde siempre, me pierdo vaya por donde vaya, hecho que a veces enerva a mis allegados. «¿Otra vez? ¡Pero lo haces a propósito o qué!» Hasta mi hija, a sus cinco años de edad, se permite llamarme la atención, lo que resulta un poco bochornoso... Por desgracia, no lo hago a propósito. Y ahora me explico.

Mi juventud transcurrió en Tours. Durante aquellos años, tuve ocasión de pasar una y otra vez por delante de los mismos edificios, por las mismas calles, las mismas plazas. Todos aquellos lugares me resultan perfectamente familiares. Pero no sé ni cómo llegar a ellos ni en qué dirección marcharme. Y eso a pesar de que el centro de la ciudad está construido siguiendo una lógica inapelable. Está delimitado por dos ríos, el Loira y el Cher, entre los que discurren varias arterias perpendiculares. Es una consecuencia lamentable de la Segunda Guerra Mundial, pero resulta muy útil para ubicarse. También se encuentran monumentos históricos como la catedral, el castillo y las ruinas de la basílica, que superan en altura a la mayoría de los edificios de la ciudad. Todos ellos son referencias visuales que sirven para orientarse a distancia. Pero, a pesar de que mi ciudad natal tiene un diseño urbano que favorece una navegación eficaz, me he perdido muchas veces en ella, incluso cuando tenía que acudir a los lugares más turísticos. Lo que tal vez resulte más molesto es que ese déficit de cognición espacial que padezco no es específico de Turena. Se manifiesta vaya por donde vaya, en todas las ciudades en las que he vivido, ya sean grandes o pequeñas, modernas o tortuosas. No tiene remedio.

Afortunadamente, hoy en día los móviles incluyen dispositivos GPS. Me sigue costando igual que siempre saber dónde estoy, pero he dejado de perder citas y aviones por haberme equivocado de dirección. Me basta con seguir atentamente las indicaciones que me facilita el dispositivo, y me preocupo solo por despegar la vista de la pantalla para evitar los obstáculos. Por consiguiente, convivo perfectamente con este problema, y en realidad nunca me había llegado a preguntar cuál era su origen. Hasta el día en que empecé a interesarme por las abejas... A diferencia de lo que me ocurre a mí, las abejas tienen fama de ser unas excelentes navegadoras. Sin embargo, su cerebro contiene aproximadamente cien mil veces menos neuronas que el mío. Y su esperanza de vida, para aprender a orientarse, representa menos del 0,1 % de la mía[1]. Pero entonces, ¿cómo se explica que estas criaturas se pierdan con mucha menos frecuencia que yo, y ello sin contar con un teléfono móvil?

Algunos insectos tienen unas capacidades de navegación que superan ampliamente las nuestras. Seguramente habrás oído hablar de las inmensas migraciones de las mariposas monarca, que atraviesan Norteamérica huyendo del invierno canadiense en busca de la suavidad del clima mexicano. Estas nubes multicolores siguen invariablemente la misma ruta, año tras año, a pesar de las generaciones de mariposas que se van sucediendo. O tal vez estés pensando en las gigantescas nubes de langostas migratorias que sobrevuelan los desiertos africanos en busca de verdes praderas[a]. Algunas libélulas incluso son capaces de cruzar los mares para llegar hasta África y Oriente Medio.

Impresionante, sin duda. Pero para muchos insectos, la navegación se manifiesta de una manera mucho más comparable a la nuestra. En las especies que ocupan un nido, como las abejas, las hormigas, las avispas y muchas más, navegar consiste en aprender a desplazarse

---

[a]  Las langostas y los saltamontes están presentes en nuestras consciencias desde el relato bíblico, donde se describen como una de las diez plagas de Egipto. Hoy en día el cambio climático favorece su gregarización y sus capacidades invasoras.

desde un punto fijo (el nido) hacia lugares de interés en el entorno de este, como una fuente de alimento o un área de reproducción. Algo parecido a cuando nosotros nos desplazamos todos los días desde nuestro domicilio hasta nuestro lugar de trabajo o hasta las tiendas. Pero para una abeja que está libando el néctar en un árbol florecido, orientarse correctamente se convierte en un asunto de vida o muerte. Cualquier error en el desplazamiento desde el nido hasta el árbol, y luego desde el árbol hasta el nido, puede exponerla a un gasto excesivo de energía, a una carencia de alimento, al riesgo de que la atrape un pájaro o a un estrés agudo debido al aislamiento prolongado fuera de su colonia. El estudio de estos insectos nos muestra que se pueden desarrollar sistemas de navegación extremadamente eficientes con escasa información y muy pocas neuronas para procesarla. ¿Cómo lo consiguen?

## En la mente de una abeja

Para comprender mejor el problema de la navegación que debe resolver una abeja, penetraremos en un universo muy alejado del nuestro. La práctica totalidad de las especies de abejas, ya sean pequeñas o grandes, salvajes o domésticas, solitarias o sociales[b], ocupan un nido[c]. En el caso de estas abejas, las hembras que asumen la cría de las jóvenes (las larvas) deben aprender a forrajear para alimentarlas. Las larvas, en particular, necesitan para hacerse adultas muchas proteínas y lípidos contenidos en el polen. En cuanto a las adultas, requieren fundamentalmente los azúcares contenidos en el néctar para adquirir la energía necesaria para el desempeño de las tareas domésticas. Las hembras re-

---

[b] La mayoría de las especies de abejas son «solitarias»; es decir, que una hembra fecundada se ocupa sola de criar a sus larvas. Se identifican diferentes niveles de sociabilidad cuando varias hembras cooperan para criar a las larvas. En las especies más sociales («eusociales»), como la abeja melífera, existe una división del trabajo entre las adultas que producen las nuevas larvas (reinas y machos) y las adultas no reproductoras que se ocupan de la colonia (abejas obreras).

[c] No hay más que un puñado de especies que no construyen un nido, sino que depositan sus huevos en el de otras especies de abejas, garantizando así a sus larvas alojamiento y comida, un acto de parasitismo que les ha valido el nombre de abejas «cuco».

productoras también precisan proteínas para desarrollar sus órganos reproductivos (los ovarios) y producir los huevos.

Para una abeja, forrajear, o pecorear, es pues una tarea de la vida cotidiana. Aparentemente, puede parecer muy sencillo. Para nuestra vista y nuestro olfato de humanos, las flores que las abejas visitan son muy coloridas y perfumadas. Cabría la tentación de afirmar que basta con dejarse guiar por los sentidos. Sin embargo, si tratamos de meternos durante unos segundos en la mente de una abeja (su pompa de jabón), veremos que el problema resulta mucho más complejo.

El ejercicio requiere un poco de imaginación. Por un lado, es necesario ver el mundo muy agrandado, mediante un par de ojos compuestos, sobrevolarlo batiendo frenéticamente las alas, sentirlo a través de unas antenas articuladas y probar su sabor utilizando las patas y una trompa; y todo ello a una velocidad media de desplazamiento de unos 20 km/h. Por otra parte, tal vez a ti, como a mí, te dé miedo picarte a ti mismo. En cambio, comprenderás enseguida que ubicarse en el espacio y pecorear en estas condiciones requiere resolver una serie de operaciones mentales.

Cuando la abeja (es decir, tú) sale de su nido por primera vez, debe aprender a orientarse para poder volver precisamente a ese lugar, haya encontrado o no alimento en su trayecto. Durante sus primeras salidas, tras pasar algunos días o semanas en el nido, realiza vuelos de aprendizaje que recuerdan una verdadera coreografía en tres dimensiones. Durante estos vuelos característicos, la abeja se desplaza lentamente frente a la entrada del nido. Realiza movimientos laterales, de derecha a izquierda, cada vez más amplios, y luego de arriba abajo, hasta que llega un momento en que desaparece en el horizonte. Durante estos zigzags controlados, aprende a localizar la entrada de su nido. Se cree que la abeja construye una memoria visual de la escena, algo así como si tomara una fotografía de la posición del nido y de cualquier otro punto de referencia destacado en sus inmediaciones, como pueden ser ramas, plantas o la línea del horizonte, tal vez quebrada por montañas o edificios. Una vez memorizada, puede utilizar esta constelación de puntos de referencia visuales durante su vuelo de regreso para localizar el nido a corta distancia.

Varios pioneros célebres de la etología, como el francés Jean-Henri Fabre (1823-1915)[d] y el neerlandés Nikolaas Tinbergen (1907-1988)[e], han puesto de manifiesto que resultaba relativamente fácil inducir a error a estos insectos modificando la disposición de las referencias visuales a la entrada del nido entre el momento en que el animal sale de este y el momento en que vuelve a él. El experimento clásico de Tinbergen consiste en colocar una corona de piñas alrededor de la entrada del nido del insecto y luego desplazarla unos cuantos centímetros. Esto desencadena un comportamiento de búsqueda por parte del insecto en la zona de las piñas y no en la entrada real del nido. El experimento funciona también muy bien con objetos de mayor tamaño. Lo comprobé más tarde a mi propia costa tras haber pasado demasiado tiempo observando los vuelos de orientación de los abejorros, sentado junto a su colmena. Sin que yo me diera cuenta, los abejorros me habían ido asociando con la entrada de su colonia, con lo que, durante varios días, un grupo de forrajeadoras tendía a perseguirme por todas partes, buscando desesperadamente la entrada de su colmena bajo mi ropa.

Una vez realizados estos primeros vuelos, la abeja tiene que localizar las flores de las que luego podrá recoger el néctar o el polen. Para ello cuenta con sus ojos compuestos. Cada ojo comprende una media de cinco mil fotorreceptores hexagonales (los omatidios) cuya información es integrada en el cerebro. La abeja, por consiguiente, no ve en mosaico, sino que de hecho percibe una única imagen. Para seguir con el ejercicio de inmersión, debes multiplicar por dos el campo de visión: verás con un ángulo de casi 300 grados en lugar de los 180 que abarcan tus ojos de humano, y recibirás doscientas imágenes por segundo en lugar de veinticuatro. Es decir, que verás la luz de los neones estroboscópicamente. También eres muy miope, aunque percibirás el mundo en color. En efecto, al igual que nosotros, la abeja ve los colores, pero en un

---

[d] Naturalista y héroe para muchos etólogos, entre los que me incluyo, Fabre es mundialmente conocido por sus *Recuerdos entomológicos,* que combinan observaciones científicas y poesía. En la actualidad, su pueblo natal (Saint-Léons, Aveyron, Francia) alberga la ciudad de los insectos «Micropolis».

[e] Profesor de la Universidad de Leiden en los Países Bajos y premio Nobel de fisiología o medicina en 1973, se le considera uno de los padres fundadores de la etología, en particular tras enunciar los cuatro ejes de estudio del comportamiento animal: la causalidad, la ontogénesis, la función y la filogénesis.

espectro luminoso levemente distinto, que va del naranja a los ultravioletas. Es particularmente sensible al azul, al verde y a los ultravioletas, de modo que ve la mayoría de las flores de una manera distinta a como las percibimos nosotros. Muchas flores tienen motivos ultravioletas, invisibles para nuestros ojos, que guían a las abejas hacia unas glándulas (los nectarios) que segregan el néctar en la base de las flores para atraer a los insectos. Así, por ejemplo, la forrajeadora percibirá una magnífica amapola roja en color gris con una mancha ultravioleta en su base.

Las abejas también cuentan con dos antenas móviles, capaces de captar una gran variedad de olores que les permiten localizar las flores que los emiten. Cada antena está dotada de varios miles de receptores sensoriales (las sensilias) a través de los cuales la abeja capta las moléculas olfativas cuando atraviesa una nube de olor. Algunos olores muy volátiles guían a las abejas a través de largas distancias hacia los emplazamientos de las flores, mientras que otros, poco volátiles, los perciben solo en el último momento, cuando llegan a dichos emplazamientos y tienen que seleccionar las flores que deben visitar prioritariamente. Para finalizar nuestro razonamiento, dispones ahora de una nariz articulada y relativamente peluda por encima de cada ojo. La pompa de jabón queda cada vez más definida...

Una vez localizada una flor, la abeja forrajeadora tiene que valorar si esta constituye una fuente de alimento interesante. Para ello cuenta con un sistema gustativo que le permite probar el néctar y el polen tocándolos con las patas (con los tarsos) y la trompa (la probóscide). Si el alimento es bueno, la pecoreadora aprende a reconocer todas las flores de la misma especie recordando el aspecto visual (color, forma, motivos) y olfativo (aroma) de la flor visitada. La abeja se especializa en ella.

También pueden intervenir otros sentidos. Por ejemplo, Daniel Robert y su equipo de la Universidad de Bristol, Reino Unido, han puesto de manifiesto que los abejorros son capaces de utilizar los campos eléctricos naturales que rodean las flores para identificar su especie y la cantidad de néctar disponible[2]. Estas señales eléctricas, del orden de unos cuantos voltios, proceden del campo electromagnético terrestre. Como tú y yo, cada planta en contacto con el suelo está rodeada de un campo negativo cuyas características dependen del tamaño y de la forma de la planta. Los abejorros no tienen un órgano específico para percibir estos campos. Pero cuando pasan cerca de una flor, su propio campo eléctrico interfiere con el de esta, creando una corriente de electricidad estática que puede inclinar los vellos sedosos que cubren la superficie de su cuerpo y aportar información sobre la firma eléctrica de la flor en cuestión. Cuando el abejorro está cerca de la flor, el diferencial de carga entre el campo positivo del abejorro y el campo negativo de la flor también permite que el polen salte unos cuantos centímetros y se adhiera al cuerpo del insecto, facilitando así la dispersión del polen. Lo que resulta todavía más asombroso es que, cuando un abejorro visita una flor, modifica el campo eléctrico de la planta durante unos segundos, lo cual informa al resto de polinizadores de que esa flor ha recibido recientemente una visita y de que sus nectarios están vacíos. Para rentabilizar su viaje, la abeja debe visitar varias flores. En cada visita, va almacenando algunos microlitros de néctar en el intestino (buche). El buche de la abeja melífera puede contener unos 60 microlitros, es decir, un tercio del volumen del insecto. El del abejorro suele tener una capacidad superior a 120 microlitros. Por tanto, se calcula que una abeja tiene que visitar varios cientos de flores por viaje para colmar su capacidad de almacenamiento. A veces estas flores se hallan alejadas unas de otras y distribuidas de manera irregular por el paisaje, como ocurre en una pradera. Esto significa que la abeja debe recorrer distancias muy grandes para forrajear.

Se suele considerar que una abeja melífera pecorea en un radio de 3 km. En todo caso, es la distancia de referencia que utilizan los apicultores cuando quieren desplazar sus colmenas a un nuevo lugar. Pero es muy probable que la estimación se quede corta. Jürgen Tautz y su equipo de la Universidad de Würzburg, Alemania, han puesto de manifiesto, por ejemplo, que las abejas capturadas en una zona de alimento, transportadas a oscuras y luego soltadas a 10 km de distancia son capaces de regresar a su colmena de origen al cabo de unas cuantas horas[3]. Algunas abejas euglosinas (las abejas de las orquídeas) pueden recorrer hasta 20 km. En las especies sociales, como las abejas melíferas y los abejorros, las forrajeadoras repiten estos trayectos decenas de veces al día, durante varios días o incluso varias semanas. Como las zonas de alimento se renuevan a lo largo del tiempo, a medida que las flores segregan nuevas cantidades de néctar o que los árboles producen nuevas flores, las abejas pueden aprender a regresar a estos emplazamientos. Así pues, desarrollan tantos recuerdos como zonas conocidas tienen para explotar. Cuando descubren una nueva zona de interés, las forrajeadoras realizan vuelos de aprendizaje en zigzag, pero esta vez para memorizar la escena visual que caracteriza el emplazamiento en el que han descubierto las flores, utilizando siempre la constelación de puntos de referencia que lo rodean.

Al ser el vuelo un modo de locomoción que consume mucha energía, se cree que para una abeja es fundamental que aprenda a llegar a estas diferentes zonas de alimento utilizando trayectorias optimizadas. Bernd Heinrich, profesor de la Universidad de Vermont, Estados Unidos, y apasionado de la carrera pedestre, ha dedicado una parte de su trayectoria a estudiar estos problemas energéticos[4]. En particular, se ha divertido comparando un abejorro que vuela con un ser humano que corre. Según sus cálculos, los abejorros tienen una de las tasas metabólicas más altas jamás registradas en un animal. Así, el investigador alemán ha valorado que un hombre quema la energía contenida en una barrita energética en aproximadamente una hora, mientras que un abejorro de masa equivalente (¡la imagen tal vez asuste un poco!) quemaría la misma energía en apenas treinta segundos. Para una abeja, forrajear constituye por consiguiente un reto particularmente importante que requiere la capacidad de adquirir y de recordar una gran cantidad de información sobre la ubicación del nido y de las flores en tiempo récord para reducir lo más posible los desplazamientos.

### Todo el mundo a la pista de baile

Se suele considerar que el estudio de la navegación de los insectos comenzó en Alemania hace unos ochenta años, cuando Karl von Frisch (1886-1982), a la sazón profesor de la Universidad de Múnich, realizó un descubrimiento espectacular: las abejas melíferas utilizan una forma de comunicación simbólica para indicar el emplazamiento de las fuentes de alimento a los demás miembros de su colonia[5]. Por esta investigación recibió el premio Nobel de fisiología o medicina en 1973, junto con Nikolaas Tinbergen y Konrad Lorenz[f] (1903-1989), lo que supuso el reconocimiento de la etología como disciplina científica por derecho propio.

Desde la Antigüedad clásica se sabe que las abejas melíferas pecoreadoras, que regresan al nido con polen o néctar, realizan en la oscuridad del panal lo que se ha denominado la «danza en forma de ocho»[g]. Esta coreografía consiste en que la abeja avanza en línea recta sobre la superficie del nido zarandeándose, para luego girar a la derecha o a la izquierda y regresar al punto de partida, repitiendo el ciclo varias veces seguidas, con lo que acaba por dibujar la forma de un ocho. Es un poco como esas personas que bailan el charlestón o la Macarena, solo que aquí no hay más que una bailarina y que la pista de baile está en posición vertical. Para descodificar la danza de las abejas, Von Frisch utilizó «flores artificiales». En realidad, se trataba de tarros de cristal boca abajo que contenían agua azucarada y a cuya base podían acudir a forrajear las abejas. Con este sistema, Von Frish pudo entrenar a las abejas para que libaran en puntos de alimento cuya ubicación y calidad controlaba con gran precisión: colocaba los tarros de cristal donde juzgaba oportuno y los llenaba con lo que le parecía. Utilizando colmenas acristaladas, también podía observar con todo detalle la danza de las forrajeadoras, así como sus variaciones después de desplazar las flores o modificar su contenido.

Durante el verano de 1945, Von Frisch empezó a marcar a las abejas individualmente aplicándoles una gota de pintura en el tórax (muy aproximadamente el equivalente de nuestros trapecios dorsales). De esta manera descubrió que una abeja que hubiera estado en contacto con una «bailarina» era capaz de llegar al lugar indicado por la danza aunque nunca lo hubiera visitado anteriormente. Las bailarinas comunican pues a las abejas «seguidoras» la ubicación de una fuente de alimento. Tras muchísimas observaciones y mediciones, con compás y

---

[f] Biólogo austriaco, pionero de la etología, especialista en ocas salvajes y autor de numerosos descubrimientos importantes, tales como el concepto de impregnación: observó que los polluelos, al salir del huevo, seguían el primer objeto en movimiento que veían. Daba igual que ese objeto fuera su madre o el propio Lorenz: actuaban de manera automática, siguiendo a todo aquello que se moviera por delante de ellos.

[g] Se habla también de «zarandeo», traducción del alemán *Schwänzeltanz*.

cronómetro, de los distintos parámetros de esta danza, Von Frisch descubrió que el ángulo descrito por la abeja que se zarandea con respecto a la vertical del nido coincide con el ángulo que forma la ubicación del recurso en relación con la posición del sol en el cielo. Si la abeja danza en vertical, está indicando la dirección del sol. Von Frisch también estableció que la duración del zarandeo guarda relación con la distancia que separa el nido de la fuente de alimento. Cuanto más se menea la bailarina, más largo ha de ser el vuelo. Por último, el número de repeticiones de la danza aporta información sobre la calidad del recurso. Cuando más néctar hay disponible, más veces repite la abeja su danza. Una observación interesante era que si la flor artificial estaba situada demasiado cerca de la colonia, digamos a menos de 100 metros, la forrajeadora realizaba una «danza en círculo»[h], limitándose a dar vueltas sin parar en el sentido de las agujas del reloj o en el sentido contrario. Este vals circular indica la presencia de alimento fuera de la colmena, pero las informaciones sobre la distancia y la dirección son mucho menos precisas que en el caso de la danza en forma de ocho. Durante estas danzas (en forma de ocho o en círculo), las abejas transmiten también informaciones sobre el olor de las fuentes de alimento, de modo que las seguidoras se dejan guiar por sus antenas para encontrar su emplazamiento.

Ahora sabemos que todas las especies de abejas melíferas utilizan la danza en forma de ocho para reclutar a sus congéneres y llevar a cabo una explotación rápida y colectiva de las fuentes de alimento. Sin embargo, existen variaciones entre las especies, que se denominan «dialectos», del mismo modo que se observan variaciones en la lengua francesa dependiendo de las zonas geográficas. Aunque no siempre los comprendemos, da gusto escuchar estos dialectos, que en ocasiones nos recuerdan nuestra infancia o algún viaje. Pero son sobre todo la prueba directa de que nuestras culturas evolucionan. El mismo principio opera en el caso de las abejas. Así, para indicar una fuente de alimento situada a 1 km de distancia, una abeja melífera europea ejecu-

---

[h] La «danza en círculo» se considera una versión particular de la danza en forma de ocho, más que una danza totalmente diferente; en ella intervienen los mismos comportamientos y canales de comunicación, aunque en grados diferentes.

tará una fase de zarandeo mucho más larga que una abeja enana o una abeja asiática. Dependiendo de las especies, las danzas se ejecutan del mismo modo en la oscuridad o en plena luz, en vertical o en horizontal, y tomando la gravedad, la posición del sol o el objetivo directamente como punto de referencia. Los otros grupos de abejas sociales, como los abejorros (género *Bombus*) o las abejas sin aguijón (género *Melipona*), también tienen formas de comunicación para reclutar a otros miembros de la colonia y dirigirlos a las fuentes de alimento. Pero estas son mucho menos elaboradas y no indican más que la presencia de alimento fuera del nido (en el caso de los abejorros) o requieren que las seguidoras rastreen unas huellas químicas que las reclutadoras van dejando a lo largo de la ruta (en el caso de las abejas sin aguijón). Estas variaciones dependen muy probablemente de parámetros ecológicos, como la distribución espacial de los recursos, que caracterizan los hábitats en los que han evolucionado las diferentes especies. Así, la danza en forma de ocho está supuestamente muy bien adaptada a entornos en los que los recursos son abundantes aunque difíciles de localizar, como los bosques tropicales, de los que se cree que las abejas melíferas son originarias.

## Un vector de mala información

O sea, que las abejas aprenden a desplazarse entre su nido y una fuente de alimento y son capaces de memorizar ese trayecto para comunicárselo al resto de los miembros de la colonia. Este aprendizaje se produce en varias etapas. Al principio, las abejas utilizan referencias visuales para orientarse, como los árboles, el relieve o también los edificios. Luego, a medida que adquieren experiencia, aprenden movimientos que se manifiestan en forma de «vuelo vectorial», es decir, desplazamientos en línea recta hacia un objetivo particular. Este comportamiento se ha comprobado a través de experimentos clásicos llamados «de desplazamiento». Una vez que una abeja ha memorizado un trayecto entre un punto A (la colmena) y un punto B (una flor artificial), basta con capturarla en el punto B y desplazarla al punto C, desconocido para ella. Para ser totalmente rigurosos, hay que transportar a la abeja en una caja negra opaca y asegurarse de que no vea el trayecto del desplazamiento. Cuando la abeja es liberada en el punto C, cree que está en el punto B y realiza de manera espontánea el vector B-A. Esto la lleva a un nuevo lugar D, que correspondería a la localización del punto A si la abeja no hubiera sido desplazada.

El aprendizaje de los vuelos vectoriales se basa en procesos cognitivos que compartimos con las abejas y con muchos otros animales. Cuando nos instalamos en una nueva ciudad, solemos tardar unos días en situarnos. Probamos varias rutas para ir de nuestro domicilio a nuestro trabajo. Luego, un día, adoptamos un solo itinerario que, a partir de ese momento, repetiremos todos los días. Pasa a ser una rutina que podemos realizar sin pensar, o casi. Este cambio progresivo de estrategia tiene la ventaja de que reduce considerablemente la carga cognitiva ligada a la navegación, es decir, la cantidad de informaciones que tenemos que procesar para desplazarnos. Pero también puede convertirse en fuente de errores. En mi caso, por ejemplo, ocurre de manera bastante recurrente. Todos los días pedaleo 10 km, siguiendo el Canal du Midi, entre mi domicilio (el punto A) y mi laboratorio (el punto B). Este camino se ha convertido en una rutina. Una noche, una colega que vive a media distancia entre mi domicilio y el laboratorio (en el punto C) organizó una cena. Salí de mi lugar de trabajo siguiendo el curso del canal para acudir a casa de mi colega. Después de la cena, volví a coger mi bicicleta y pedaleé los 5 km de distancia entre su casa y la mía, siguiendo siempre el canal. Pero cuando, ya muy de noche, llegué al laboratorio, me di cuenta de que mi deficiente orientación me había vuelto a jugar una mala pasada. En lugar de girar a la derecha para ir a casa (y de hacer el trayecto C-A), había girado a la izquierda (y había hecho el trayecto C-B). La dirección me resultaba familiar, y la distancia, también. Pero no había utilizado el vector correcto.

La descodificación de la danza en forma de ocho que logró Von Frisch proporcionó a los etólogos una herramienta extremadamente valiosa para explorar los meandros del aprendizaje de los vectores por parte de las abejas. Basta interpretar la danza de una forrajeadora para darse cuenta de lo que ha aprendido. Así, por ejemplo, se han testado varias hipótesis para comprender cómo calculan la longitud de un vector. Durante mucho tiempo se creyó que las abejas valoraban su nivel de fatiga. Pero unos experimentos que aumentaron artificialmente el esfuerzo de estas al colocarles pesos de diferentes tamaños a la altura del tórax nunca consiguieron demostrar este efecto. Hoy se sabe que las abejas utilizan el movimiento de las imágenes que perciben en la retina de sus ojos compuestos cuando se desplazan. Es lo que se llama el «flujo óptico». Cuantas más imágenes percibe una abeja por unidad de tiempo, más larga es la distancia que ella considera que ha recorrido.

Este mecanismo de odometría visual ha quedado demostrado mediante una serie de experimentos muy sofisticados que se han instaurado como modelos de sencillez y de precisión científica. Por ejemplo, Harald Esch y John Burns, de la Universidad de Notre-Dame, Estados Unidos, hicieron variar el flujo óptico percibido por las abejas modificando la altitud de su vuelo[6]. Habían partido de la observación de que, considerando la misma distancia de vuelo, una abeja que se desplaza a ras de suelo recibe más informaciones visuales en su retina que otra que se desplaza por el aire, pues el suelo es una fuente importante de flujo óptico. En efecto, percibimos más fácilmente cómo cambia un paisaje si nos desplazamos sobre tierra firme que si vamos en avión a 3.000 m de altitud. Así, unas abejas entrenadas para desplazarse a forrajear desde una colmena instalada en lo alto de un edificio hasta una flor artificial situada en lo alto de otro edificio indican con su danza un trayecto más corto que unas abejas que forrajean entre una colmena y una flor situadas ambas en el suelo, aunque la distancia entre la colmena y la flor sea exactamente igual en ambos casos. De modo similar, unas abejas entrenadas a partir de una colmena situada en el suelo indican una distancia mucho menor cuando pecorean una flor suspendida de un globo de helio a un centenar de metros del suelo que cuando lo hacen con la misma flor colocada en el suelo.

Mandyam Srinivasan y su equipo de la Universidad de Queensland, Australia, dejaron definitivamente zanjado el debate entrenando a unas abejas para alimentarse en una flor artificial a la salida de un pasillo estriado con franjas negras y blancas[7]. Un poco como si tuvieran que volar por un código de barras gigante en tres dimensiones. Manipulando el ancho de las franjas sobre las paredes del pasillo, y por tanto el flujo óptico lateral que percibían las abejas, Srini y sus colegas se dieron cuenta de que estas indicaban distancias más o menos largas en sus danzas, aun cuando en todos los casos hubieran recorrido exactamente el mismo trayecto entre la colmena y la flor, que había permanecido siempre en el mismo lugar.

Los insectos que se desplazan caminando por el suelo, siendo por consiguiente menores su velocidad y las variaciones de los flujos ópticos que perciben, utilizan otros mecanismos para estimar las distancias. Así, por ejemplo, las hormigas cuentan sus pasos. Rüdiger Wehner y su equipo de la Universidad de Zúrich, Suiza, lo demostraron haciendo aprender a unas hormigas del desierto[i] una ruta entre su nido y una fuente de alimento (a estas hormigas les chiflan las galletas)[8]. Luego las capturaron en el lugar donde se hallaba la fuente de alimento y las subieron a unos minúsculos zancos hechos con cerdas naturales para incrementar la amplitud de sus pasos (si quieres repetir el experimento en casa, funciona muy bien también con las cerdas del cepillo de dientes). Después de soltarlas en un lugar desconocido, las hormigas con zancos realizaban una marcha vectorial hacia el supuesto emplazamiento del nido de mayor longitud que las hormigas sin zancos o que las hormigas cuyas patas delanteras habían sido parcialmente amputadas (¡eso no debes repetirlo!), poniendo así de manifiesto la existencia de un podómetro en estos insectos.

Pero sigamos proyectándonos un poco más en la mente de las abejas. Para conocer la dirección en la cual orientar un vuelo vectorial, las abejas recurren a una «brújula solar»: utilizan la posición del sol en el cielo. Si está nublado y no se ve directamente el sol, se basan en otros indicios, como las variaciones de polarización de la luz a través del cielo. Las abejas perciben la luz solar, polarizada en contacto con la atmósfera, gracias a tres ojos suplementarios, más sencillos que los ojos compuestos, situados en la parte superior de la cabeza: los ocelos. (Ahora tienes cinco ojos y percibes los campos eléctricos.)

---

[i] Existen varias especies de hormigas del desierto, aunque las más conocidas son las pertenecientes al género *Cataglyphis*. Estas hormigas se caracterizan por una excelente visión. Su estudio ha contribuido en gran medida al desarrollo del conocimiento de las proezas en materia de navegación de los insectos. Todo comenzó con la observación de que una hormiga sola forrajeando a más de 100 m de su nido en un lago seco del Sáhara era capaz de regresar a dicho nido en línea recta después de haber capturado una presa con las mandíbulas. Si quieres saber más sobre el tema, te recomiendo la lectura del excelente libro *Desert Navigator: The Journey of an Ant*, de Rüdiger Wehner (Harvard University Press, 2020).

Como el sol se desplaza en el cielo a lo largo del tiempo, también es fundamental que las abejas sepan qué momento del día es para poder actualizar la dirección de los vuelos vectoriales que han aprendido. Las abejas no llevan reloj. Pero tienen un reloj interno que coordina sus ritmos fisiológicos, como la expresión de determinados genes o la secreción de las hormonas. Von Frisch había comprobado que era posible entrenar a las abejas melíferas para que pecorearan en dos puntos de alimento distintos y hacer que aprendieran que uno de estos emplazamientos solo proporcionaba néctar por la mañana y otro solo por la tarde[9]. Esto solo es posible con un sistema de medición del tiempo transcurrido. Más recientemente, Randolf Menzel y su equipo de la Universidad libre de Berlín, Alemania, han demostrado que un desfase en el reloj interno de las abejas podía derivar en una interpretación errónea de la brújula solar y, por tanto, en serios problemas de orientación[10]. Los investigadores empezaron por entrenar a unas abejas melíferas para que pecorearan una flor artificial (en esta ocasión, un tarro de cristal perfeccionado mediante una plataforma estriada en su base para que las abejas pudieran beber sin ahogarse). Luego capturaron a las abejas cuando estaban en esta flor a las 9 de la mañana. La mitad eran sometidas a la acción de un gas anestesiante, el isoflurano, que presenta la particularidad de desfasar el reloj interno deteniéndolo momentáneamente. Todas las abejas fueron luego liberadas en un lugar nuevo que estas no conocían, a las 3 de la tarde. Las abejas del grupo no anestesiado se desplazaban en la dirección en la que debería haberse encontrado el nido compensando el movimiento del sol, mientras que las abejas desfasadas lo hacían en otra dirección, como si no hubieran compensado los movimientos celestes durante las seis horas que separaban su captura de su liberación.

La estimación de las distancias a través del movimiento de las imágenes en el ojo y la estimación de la dirección a partir de la posición del sol en el cielo son mecanismos básicos extremadamente importantes que permiten a las abejas ubicarse en todo momento con respecto a la posición de su nido. Esta capacidad de «integración del trayecto» hace las veces de ordenador de a bordo para que los insectos sepan dónde están en cualquier situación. Es común a muchos animales, incluido el ser humano. (Así, si te hacen recorrer un camino sinuoso con los ojos vendados y luego te preguntan de dónde has venido, probablemente consigas señalar con el dedo la dirección correcta.)

## El problema del viajante de comercio

Para una abeja que está libando en una inflorescencia, un parterre de flores o un árbol, el problema de la navegación es relativamente sencillo. Se trata simplemente de ir de un punto A, el nido, hasta un punto B, en el que las flores constituyen un todo, y luego regresar al punto A utilizando un vuelo vectorial. En cambio, cuando tiene que forrajear flores distanciadas unas de otras, como en el caso de una pradera, el problema de la navegación cambia por completo. En este caso es necesario aprender la ubicación de varios emplazamientos y una ruta eficaz que los una.

Hallar el camino más corto entre varios puntos es un problema de optimización que los matemáticos conocen bien y denominan el «problema del viajante de comercio». Se llama así porque plantea el trabajo de un comercial que tiene que planificar su ruta para vender su producto en varias cuidades yendo por el camino más corto y volviendo al punto de partida. ¡Para un viajante, el tiempo es oro! Por tanto, lo que quiere es pasar una sola vez por cada una de las ciudades para evitar trayectos inútiles. Este problema es muy popular en informática porque, a pesar de la sencillez de su enunciado, no se conoce ningún algoritmo que ofrezca una solución exacta. La única forma de encontrarla es abordar el problema mediante la «fuerza bruta», es decir, calculando la longitud de todos los caminos posibles y comparándolos tomados de dos en dos. El número de caminos es igual al factorial del número de ciudades que tiene que visitar el representante. Por si no te acuerdas demasiado bien de la asignatura de matemáticas del bachillerato, si consideramos $n$ ciudades, habrá $n! = 1 \times 2 \times 3 \times \ldots \times (n-1) \times n$ caminos. El problema es por tanto bastante fácil de resolver cuando el número de ciudades es pequeño, pero su complejidad crece considerablemente a medida que dicho número aumenta. Supongamos que nuestro comercial tiene que visitar tres ciudades (por ejemplo Burgos en Castilla-León, Motril en Andalucía y Zaragoza en Aragón)[j] y que la sede de su empresa se encuentra en Burgos: puede hacer la ruta por seis caminos distintos. Dos de ellos suman la distancia más corta, en un sentido (Burgos-Motril-Zaragoza) o en otro (Burgos-Zaragoza-Motril)[k]. Pero imaginemos ahora que tiene que visitar diez ciudades. El número de itinerarios posibles se eleva a 581.400. Para una abeja que tiene que visitar varias decenas de flores, el problema se vuelve muy complejo, casi imposible de resolver sin un servidor que realice el cálculo. Pero entonces, ¿cómo se las arreglan sin ayuda externa?

El primero en estudiar esta cuestión fue Charles Darwin, célebre cofundador de la teoría de la selección natural[l]. Darwin dedicó la segunda parte de su vida a comprobar experimentalmente su teoría, en su casa de Dawn, al sur de Londres. En las notas que tomó entre 1854 y 1861[11], el naturalista explica que allí pasaba largas horas observando los abejorros, que los británicos llamaban entonces *humble bees,* o «abejas humildes», antes de cambiarles el nombre a *bumble bees* (que podríamos traducir por «abejas que se mueven desordenadamente o a trompicones»). Darwin sospechaba que los abejorros volvían regularmente a visitar las mismas plantas siguiendo la misma secuencia. Se preguntó si estas rutas eran estables para un mismo abejorro, si variaban de un abejorro a otro y si, en términos generales, los abejorros trataban de optimizar su ruta, como los viajantes de comercio. Para no tener que correr a la zaga de los abejorros, que pueden alcanzar velocidades de 20 km/h, Darwin, como hacía a menudo, implicó a sus hijos en el experimento. Situó a seis de ellos en puntos estratégicos del jardín con la consigna de gritar cuando vieran pasar un abejorro por delante. Con este método, Darwin pudo reconstruir algunas trayectorias de vuelo, pero también llegó enseguida a la conclusión de que un aná-

---

[j] El autor cita los siguientes lugares en Francia: Dun en Ariège, Dreux en Eure-et-Loir y Troyes en la región de Aube. Para mayor facilidad de lectura, se citan lugares en España, situados en un triángulo parecido. *(N. de la T.)*

[k] La demostración funciona también muy bien con las localidades francesas de Saintes, Sixt y Sète.

[l] Ya está reconocida la contribución fundamental de Alfred Wallace (1823-1913), científico y explorador británico contemporáneo de Darwin, que llegó a conclusiones similares sobre la evolución de las especies, aunque de manera independiente. Esto indujo además a Darwin a publicar su trabajo antes de lo previsto.

lisis riguroso de estos desplazamientos habría requerido marcar a los insectos individualmente, por ejemplo con una gota de pintura que se distinguiera claramente sobre el tórax, para comprender si el mismo abejorro regresaba siempre al mismo lugar o si se trataba de varios abejorros que, por casualidad, utilizaban rutas similares. Estas cuestiones quedaron sin resolver durante mucho tiempo.

Hace unos años tuve la oportunidad de trabajar en el equipo de Lars Chittka, profesor de la Universidad Queen Mary de Londres, Reino Unido, y uno de los mayores especialistas en abejorros. Juntos desarrollamos una serie de experimentos cuyo objetivo era resolver los problemas con los que se había encontrado Darwin ciento cincuenta años antes, y ello recurriendo a herramientas modernas[12]. A diferencia de Darwin, empecé por utilizar abejorros de criadero[m]. Coloqué una colonia de abejorros cuyo historial conocía en una pequeña colmena de madera equipada con un largo tubo de plástico transparente que había perforado en varios puntos para poder insertar puertas de cartón. Esta esclusa de aire me permitía controlar el flujo de forrajeadoras que entraban y salían de la colonia y seleccionar únicamente a aquellas que iban a participar en mi experimento. Para identificar a los diferentes abejorros en la colonia, pegué sobre el tórax de cada individuo una ficha distintiva con color y número (estas marcas las suelen utilizar los apicultores para reconocer a las reinas de abejas melíferas de sus colonias). Como quería asegurarme de que los abejorros permanecieran al alcance de mi vista y que su entorno fuera lo más homogéneo posible, instalé esta colmena en un invernadero en la azotea de la universidad y cubrí los cristales con una pintura blanca opaca que disimulaba todos los puntos de referencia visuales del panorama. A vista de pájaro, Londres es un bosque de ladrillos y acero que habría podido perturbar a los abejorros. Por último, para controlar la ubicación y la calidad de los emplazamientos del alimento, desarrollé mis propias flores artificiales. Más que tarros de cristal boca abajo, mis flores contaban con un electroimán que me permitía en todo momento poner al alcance de los abejorros un pequeño cuenco que contenía unos micro-

---

[m] Desde la década de 1980 se comercializan colonias de abejorros para la polinización de cultivos de invernadero.

litros de agua azucarada. Cuando un insecto se posaba sobre la flor, yo podía decidir si el cuenco estaba lleno o vacío, gracias a una caja de mandos compuesta por tantos botones y ledes rojos y verdes como flores tenía que controlar. Una vez instalado el dispositivo, el interior de mi invernadero se parecía más al interior de la TARDIS[n] de Doctor Who que a una pradera de flores. En cierto modo, de hecho, me iba a permitir remontarme en el tiempo para probar la hipótesis de Darwin.

De modo que les planteé el problema del viajante de comercio a unos abejorros. Uno por uno, los insectos tenían que visitar seis flores, cada una en una sola ocasión, para llenar su buche de néctar y regresar al nido. Observando con atención a los abejorros, comprendí que, al cabo de apenas unas horas, todos terminaban por utilizar una de las dos rutas óptimas entre las setecientas veinte posibles. Lo que resulta particularmente sorprendente es que los abejorros llegan a este resultado sin probar todos los caminos. Más bien da la sensación de que construyen su ruta mediante el método de ensayo-error, para converger hacia la solución más eficaz, como lo haría un algoritmo de aprendizaje. Pasados unos días tras la publicación de este resultado, el periódico británico *The Guardian* anunciaba, en unos términos algo bochornosos, que «los abejorros, a pesar de su pequeño cerebro, superan a los ordenadores a la hora de resolver un problema matemático»[13]. Y no es mentira: efectivamente, los abejorros tienen un cerebro pequeño. Pero tampoco es del todo cierto. A menudo nos quejamos cuando los periodistas distorsionan nuestras palabras para publicar titulares sensacionalistas. En este caso concreto, es posible que nosotros mismos hayamos maquillado un poco la historia al contestar en las entrevistas. Es obvio que los abejorros no superan a las supercalculadoras. Pero no por ello el resultado es menos impresionante. Personalmente, no sé si yo habría encontrado con facilidad la mejor ruta, ni siquiera en un pequeño invernadero...

Seguí adelante con estas investigaciones junto a Juliet Osborne, por aquel entonces investigadora en la Estación Experimental de Rothamsted, en Harpenden, al norte de Londres. Allí tienen un criadero experi-

---

[n] La TARDIS (acrónimo en inglés de *Time And Relative Dimension in Space* [«tiempo y dimensión relativa en el espacio»]) es una máquina para viajar en el espacio y en el tiempo de la serie británica de ciencia ficción *Doctor Who*.

mental con un equipo de expertos en electrónica que han desarrollado un sistema radar único en el mundo para registrar las trayectorias de vuelo de pequeños insectos, demasiado pequeños para colocarles un emisor GPS. Este radar nos permitió realizar el experimento en condiciones reales. Se trata de un sistema de varios metros de alto, con dos grandes parábolas. La primera, la de mayor tamaño, envía un haz electromagnético en línea recta frente a ella. La segunda, situada por encima, recibe un armónico de este haz que es emitido nuevamente por un transpondedor (una antena de varios milímetros). Si fijamos este transpondedor sobre la espalda de un insecto, podemos registrar su posición. El radar gira sobre sí mismo para cubrir la zona en un radio de 1 km. El conjunto es alimentado por unas pilas y los datos pasan a un servidor situado en un camión. En aquella época, hacían falta dos ingenieros para manejarlo.

Y allí nos fuimos a un campo, en plena Inglaterra, con un equipo de estudiantes y de ingenieros, para comprobar si el comportamiento de los abejorros observado en el laboratorio se expresaba igualmente en condiciones naturales. Para empezar, dedicamos mucho tiempo a limpiar la parcela de dientes de león y margaritas que habrían podido distraer a los abejorros de las flores artificiales. En efecto, los abejorros, como todos los polinizadores, cuentan con un sistema sensorial que ha sido moldeado a lo largo de millones de generaciones para localizar las flores más comunes de su entorno. En nuestras latitudes, tienen una preferencia innata por el color violeta. Una vez limpia la pradera de flores naturales, desplegamos nuestras flores artificiales. Esta vez, el dispositivo constaba de cinco flores dispuestas en forma de pentágono a una distancia de 50 metros unas de otras, de modo que los abejorros, cuya agudeza visual es inferior a la nuestra, no tenían más remedio que explorar la zona para encontrar las flores y construir sus rutas. Las flores contaban con cámaras conectadas a ordenadores, a su vez alimentados por generadores eléctricos, con el fin de verificar los datos del radar. Había dos personas en el camión para accionar el radar, una persona a la entrada de la colonia de abejorros para seleccionar el abejorro con el que se iba a realizar la prueba y equiparlo con un transpondedor y dos personas más en la parcela para llenar las flores de agua azucarada una vez que el abejorro las había visitado (y eliminar los dientes de león cuando volvían a brotar).

Al cabo de tres semanas de mal tiempo y de fracaso, finalmente conseguimos registrar con el radar un primer trayecto de abejorro. En cuanto el abejorro salió de la colonia con el transpondedor a la espalda, iniciamos una conversación por *walkie-talkie*, en medio del ruido del radar y de los generadores, para comunicarnos su posición en la parcela y seguir en directo el resultado del experimento. Esta conversación duró casi una hora, hasta que el abejorro regresó a la colonia. Durante este lapso de tiempo, había localizado tres de las cinco flores, y estaba claro que no había utilizado la ruta óptima, a diferencia de lo que habíamos observado en el laboratorio, pues volvía a visitar muy frecuentemente las mismas flores que habían quedado vacías tras su primera visita. Luego dejamos que el abejorro realizara una veintena de ensayos adicionales, es decir, que forrajeara durante unas seis horas las flores artificiales. Y a continuación registramos una nueva trayectoria de este mismo abejorro, tras negociar con el equipo para que nos quedáramos hasta un poco más tarde aquel viernes por la tarde (en el Reino Unido, el viernes tiene una jornada laboral algo más corta que los demás días y que suele acabar en el pub). Este nuevo viaje no duró más que diez minutos.

Tras haber comparado las dos huellas de radar obtenidas, era evidente que nuestro abejorro había aprendido por su cuenta a utilizar el camino más corto para visitar las cinco flores. Pero, lo que es todavía más impresionante, minimizaba claramente la distancia de sus trayectos, trazando líneas rectas entre las flores como si dispusiera de una regla y un compás. Aquella noche llovió mucho en Harpenden. Guardamos el radar a toda prisa y luego fuimos al Pavilion, el único pub del pueblo que estaba abierto, para celebrar este resultado. Por fin nuestros esfuerzos se veían recompensados. Sobre todo, teníamos la sensación de que estábamos ante un descubrimiento importante en nuestro ámbito: unos insectos son capaces de resolver por sí solos problemas de optimización del trayecto que consideramos complejos. Aunque ello constituya la esencia del oficio de investigador, la sensación de descubrir algo es bastante infrecuente. Estamos acostumbrados a avanzar pasito a pasito. Aquel día habíamos dado un gran salto.

Al final de aquella estancia, teníamos una prueba irrefutable de que los abejorros son capaces de aprender y de optimizar los circuitos de forrajeo y de modificarlos muy rápidamente cuando se quita, se añade o se desplaza una nueva fuente de alimento en su entorno[14]. Ello supone unas capacidades de aprendizaje y de memoria espaciales que hasta entonces no se sospechaba que los insectos tuvieran. Hoy sabemos que las abejas melíferas también utilizan estas rutas optimizadas, al igual que numerosas especies de abejas solitarias, de mariposas, de colibrís, algunos murciélagos, marsupiales y primates, que comparten todos ellos la particularidad de alimentarse del néctar de las plantas y que por tanto se enfrentan a problemas de navegación similares. Por supuesto, los procesos de aprendizaje y las capacidades de memorización son probablemente muy diferentes entre todas estas especies a veces alejadas en el árbol filogenético[o]. Pero el comportamiento resultante es comparable. Hablamos de convergencia evolutiva.

## Mapa mental y carga mental

O sea, que los insectos son capaces de orientarse con gran precisión en entornos complejos, caracterizados por numerosos puntos de alimento en ocasiones alejados entre sí y separados por obstáculos. Cabe legítimamente preguntarse cómo se representan el espacio estos navegadores en miniatura.

Desde los primeros estudios de Von Frisch, hace ya casi un siglo, esta cuestión está sometida a un vivo debate. Las observaciones sobre el terreno indican que las abejas pueden utilizar atajos para conectar dos emplazamientos conocidos (dos flores artificiales) que han aprendido a visitar de manera independiente a partir de un mismo punto (el nido)[15]. Este comportamiento se ha utilizado como argumento para sugerir que eran capaces de construir un «mapa cognitivo» —es decir, una representación mental de las relaciones, las distancias y las direcciones que vinculan diferentes puntos del espacio— sin haber vivido su experiencia directa. Algo así como si pudieran leer un mapa de ca-

---

[o] Representación gráfica que muestra las relaciones de parentesco y traza la historia evolutiva entre grupos de seres vivos. Cada uno de los nódulos del árbol representa el ancestro común de sus descendientes. Darwin fue uno de los primeros en proponer una historia de las especies representada en forma de árbol.

rreteras que tuvieran integrado en el cerebro en todo momento. Fue Edward Tolman, profesor de psicología en Berkeley, Estados Unidos, quien introdujo a mediados del siglo XX este concepto de mapa cognitivo para describir la capacidad de los roedores de utilizar atajos en los laberintos. En los mamíferos, se han descubierto signos de estos mapas mentales en forma de neuronas especializadas en el cerebro, que se activan cuando el animal se desplaza hacia un lugar determinado: se las denomina «células de lugar»[16]. Este descubrimiento le valió el premio Nobel de fisiología o medicina a John O'Keefe, y a Edward y May-Britt Moser en 2014; posteriormente se han descrito varios tipos de células más cuya actividad es modulada por informaciones espaciales en el cerebro de las ratas, los ratones y los murciélagos, lo que ha alimentado la tesis del mapa mental. En cambio, en los insectos todavía no se han descubierto estas firmas neuronales. Unos colegas del equipo de Randolf Menzel en Berlín investigaron en esta dirección llevando a unas abejas melíferas a forrajear entre su colmena (punto A) y una flor artificial (punto B) y luego haciéndoles repetir la ruta (A-B) de manera totalmente pasiva, esta vez sujetas a un dron. Aunque la utilización de electrodos para registrar la actividad del cerebro de la abeja durante el vuelo forzado hacia la flor haya podido revelar cierto número de señales eléctricas, hasta la fecha no existe ninguna prueba convincente de un equivalente de las células de lugar en los insectos.

No existe pues un consenso acerca de la propia idea de que los insectos construyan mapas cognitivos comparables a los de los mamíferos. Para un organismo, mantener un cerebro en estado de alerta de modo que pueda tratar la información y desarrollar recuerdos es un proceso extremadamente costoso en términos de energía. En la naturaleza no cabe lo superfluo, y la selección natural tiende a limitar al máximo la inversión por parte del cerebro si ello no es vital para el animal. Cabe pues esperar que los insectos, con su cerebro extremadamente compacto, desechen una carga mental inútil. El estudio de los desplazamientos de las abejas mediante análisis con radar pone de manifiesto que, en muchos casos, no hace falta recurrir a esta construcción mental compleja para explicar sus proezas en materia de navegación. Por el contrario, numerosas observaciones sugieren que las abejas recurren a estrategias mucho más sencillas. Por ejemplo, la utilización de atajos se puede explicar a través de asociaciones entre las escenas visuales y los vuelos vectoriales. Si una abeja a la que se ha llevado a un punto A, y luego se la ha vuelto a soltar en un punto B, descubre que no ha llegado a su meta (el punto C), tratará de identificar las referencias visuales del entorno del nuevo lugar en el que se encuentra (el punto D). Si lo consigue, porque el panorama visual le resulta familiar, da la sensación de que calcula la media entre el vector realizado (B-D) y el vector que une la nueva escena con la meta (D-C). Esto equivale a utilizar un atajo (B-C) sin recurrir a un mapa cognitivo. Por ende, varias imágenes de panoramas y sus vectores de vuelo asociados pueden integrarse en una única memoria espacial. Este tipo de representación mental, basada en un conocimiento parcial del entorno, al parecer permite a las abejas aprender sucesiones de vectores y, de este modo, desarrollar rutas entre varios emplazamientos.

La dificultad para poner a prueba estas hipótesis en medios naturales radica en la imposibilidad de controlar por completo la experiencia visual que adquieren los insectos a lo largo de su vida. No podemos excluir que una abeja desplazada y soltada en un lugar, aun a varios kilómetros, no haya visitado nunca previamente ese lugar. Además, aunque la parcela experimental se suele elegir de modo que resulte lo más homogénea posible, nunca lo es de manera estricta. Así, por ejemplo, el suelo es una mina de información para las abejas. Incluso sobre un lago o un desierto existen referencias visuales útiles para la navegación. Con mi equipo de Toulouse, realizamos experimentos en un arrozal seco en Andalucía (el clima en Sevilla es mucho más adecuado que el del norte de Londres para este tipo de experimentos)[17]. Estos arrozales se caracterizaban por una gigantesca red de líneas perpendiculares correspondientes a los caminos y carreteras trazadas por los agricultores, que constituían posibles referencias visuales en el suelo para los insectos. Utilizando el mismo radar que antes, demostramos que los abejorros tienen tendencia a seguir estas estructuras del suelo, adoptando trayectorias de vuelo rectilíneas y angulosas. Este comportamiento se observa siempre que las abejas dan grandes rodeos para explorar el entorno, visitar las flores y regresar a su nido, un poco como en el videojuego *Snake*[p].

---

[p] Videojuego muy popular antes de la aparición de los *smartphones,* en el que el jugador dirige a una serpiente que va creciendo y se convierte a su vez en un obstáculo.

Cada vez más investigadores tratan por lo tanto de liberarse de estos sesgos estudiando el comportamiento de los insectos en entornos totalmente virtuales proyectados sobre las paredes y el suelo de los dispositivos experimentales en el laboratorio. De este modo se puede manipular de manera muy precisa la experiencia visual de los insectos antes, durante y después del aprendizaje. Elisa Frasnelli, investigadora de la Universidad de Lincoln, Reino Unido, ha conseguido recientemente que unos abejorros aprendieran a colarse por un obstáculo virtual para posarse sobre una flor igualmente virtual, gracias a efectos de ilusión óptica en un dispositivo con una pantalla en el suelo[18]. Los experimentos clásicos de captura, desplazamiento y suelta realizados en un medio natural adquieren pues la forma de experimentos de «teletransportación» en los que los animales son desplazados virtualmente. La combinación de este nuevo género de experimentos con las técnicas de registro cerebral debería ayudarnos a comprender mejor la organización de las memorias espaciales en el cerebro de los insectos y a determinar si hemos sobrevalorado o por el contrario infravalorado la capacidad de estos para representarse el mundo, asociándoles los conceptos humanos de mapas cognitivos y de GPS.

# 2

## Un perfume de *déjà-vu*

A menudo la ciencia ficción va por delante de la ciencia. A veces, las dos colisionan. Cuando yo era estudiante universitario, mi profesor de ecología del comportamiento[a] había comprendido que a su auditorio de jóvenes biólogos le cautivaban mucho más las historias de extraterrestres que las matemáticas. Así, para explicarnos la teoría del aprovisionamiento óptimo, según la cual los animales tienden a optimizar cada una de sus decisiones siguiendo los principios económicos de costes y beneficios para sobrevivir en la naturaleza, Jean-Sébastien Pierre recurrió a *Alien,* la obra maestra de Ridley Scott. En las películas de la saga, el xenomorfo (el alienígena) tiene por costumbre poner sus huevos en los seres humanos para que sus larvas puedan desarrollarse consumiendo a su huésped desde dentro. Al cabo de unas horas de incubación, las larvas salen del vientre de la víctima, produciendo unos chorros de hemoglobina espectaculares en la pantalla. Algunos insectos, de los de verdad, presentan comportamientos parecidos, hasta el punto de que una especie de avispa australiana perteneciente al género de las *Dolichogenidea* ha sido recientemente denominada *D. xenomorph*[b]. Afortunadamente para nosotros, estas avispas parasitoides son

---

[a] Disciplina derivada de la etología, nacida en la década de 1970, cuyo objetivo es comprender la función (el valor adaptativo) de los comportamientos animales en su medio natural, utilizando conceptos propios de la ecología y de la evolución.

[b] Los entomólogos australianos están familiarizados con este hecho. En 2019, Andrew Austin y su equipo de la Universidad de Adelaida dieron nombre a dos nuevas avispas

mucho menos temibles que sus análogas extraterrestres y solo atacan a otros insectos. Lo que el profesor Pierre quería que comprendiéramos mediante aquel paralelismo es que, para estas avispas, la decisión de poner sus huevos en un huésped es demasiado importante como para hacerlo al azar. Depende de numerosos parámetros, como el tamaño del huésped, su condición corporal y la eventual presencia de otros huevos. Todos estos factores afectarán al desarrollo y a la supervivencia de las larvas. Aun cuando nos pueda parecer que los alienígenas tienen tendencia a asaltar al primer ser humano que se cruza en su camino, en principio ellos también adoptan las mismas reglas de optimización.

Unos años más tarde descubrí *Mimic,* otra saga de ciencia ficción que, por desgracia, no tuvo el mismo éxito que *Alien.* Sin embargo, el paralelismo con la investigación sobre la inteligencia de los insectos resulta igualmente interesante. En este caso, una epidemia transmitida por las cucarachas arrasa Manhattan, hasta el punto de que miles de niñas y niños están condenados a morir. Como los insectos infectados han desarrollado una resistencia a los pesticidas, emprender una batalla química resultaría ineficaz. A una entomóloga neoyorkina se le ocurre entonces generar insectos genéticamente modificados a partir de termitas y de mantis religiosas, capaces de mezclarse con las cucarachas infectadas para aniquilarlas. Hasta ahí, el guion tiene sentido: las termitas y las mantis, efectivamente, están emparentadas con las cucarachas dentro del orden de los dictiópteros. En la película, estos insectos mutantes, que los guionistas denominan los «judas», presentan la particularidad de que liberan una enzima que acelera el metabolismo de las cucarachas portadoras del virus, lo que las condena a morir de forma prematura. Es un caso de libro de lucha biológica: los vectores genéticamente modificados son estériles, por lo que no pueden propagarse en la naturaleza, lo cual limita los riesgos de invasión biológica (¡enhorabuena, guionistas!). Pero, a pesar de estas precauciones, los judas, que supuestamente no debían ir más allá de la primera generación, acaban por pulular tras haber mutado bajo una forma humanoide (y en cuanto a esto, no me preguntes por qué...).

––––––––––––

parasitoides rindiendo tributo a los alienígenas Zygons de la serie *Doctor Who (Choeras zygon)* y a unas galletas de chocolate *(Sathon oreo).*

En la última batalla que enfrenta a humanos y a mutantes, el pequeño grupo de humanos que trata de salvar Nueva York tiene la feliz idea de cubrirse el cuerpo con secreciones recogidas de cadáveres de judas. Habían comprendido que los judas, como muchos insectos reales, utilizan principalmente los olores para comunicarse. A través de este subterfugio, los protagonistas, todos perfumados y pringosos, se vuelven invisibles a ojos de los mutantes, pues llevan el mismo olor, y este camuflaje químico les permite aniquilarlos. Con esta película, Guillermo del Toro atribuye a unos dictiópteros, bien es cierto que mutantes, una forma de inteligencia social que les permite reconocerse unos a otros y organizarse para colonizar la Tierra. Unos meses después de ver *Mimic,* demostré que esto no era mera ciencia ficción. Pero volveré más tarde sobre ello.

Tenía que haber empezado por explicarte qué es la inteligencia social y por qué es tan importante para vivir en comunidad. Como animales sociales que somos, recurrimos a ella todos los días, cada vez que nos encontramos con otra persona. Primero reconocemos a esta persona como ser humano. A continuación identificamos sus características físicas: su estatura, su edad, su origen étnico y muchos otros parámetros. Nuestra capacidad para reconocer los rostros nos permite discriminar entre individuos, en particular dentro de un grupo. Si estos nos resultan conocidos, podemos recordar nuestros vínculos y nuestras posibles experiencias comunes. De este modo, podemos decidir si pasamos más tiempo con unos individuos o con otros. Podemos decidir si les contamos nuestros secretos o nuestros sentimientos más íntimos o si obviamos compartir con ellos estas informaciones. Nuestra inteligencia social nos permite también aprender unos de otros. Las civilizaciones humanas se basan en culturas construidas a partir de varios miles de años de transmisión social, primero oral y luego escrita. Con los insectos ocurre prácticamente lo mismo. Ahora te lo explico.

## Un olor a hidrocarburos

Abeja 1: «Bzz. Bzz bzz...».
Abeja 2: «Bz».
Abeja 1: «Bzzzbzzzzbz bzz».

¿Qué se dirán dos abejas que se encuentran? Potencialmente, un montón de cosas. Las abejas emiten sonidos. Son capaces de verse, tocarse, sentirse y percibir los campos electromagnéticos que las rodean. Pero, por desgracia, todavía no hemos encontrado una piedra de Rosetta[c] que nos permita traducir estos comportamientos en lenguaje o en intenciones que nos resulten accesibles. Y ese es precisamente el desafío de la etología.

Cuando dos abejas se encuentran, en primer lugar es fundamental que puedan saber con quién están tratando. Si forman parte de la misma colonia, tal vez les interese compartir alimento o información. En cambio si proceden de colonias diferentes, estas abejas tienen que decidir si vale la pena o no pelearse. Edward Wilson (1929-2021), profesor de la Universidad de Harvard y padre de la sociobiología[d], consideraba esta facultad para reconocerse como un «pegamento social» que mantiene unidos a los miembros de una sociedad y conforma su organización[1]. En los insectos que viven en sociedades complejas, como las abejas y las avispas sociales, las hormigas y las termitas, el reconocimiento social suele permitir que se identifique el papel del individuo en la colonia y su pertenencia al nido. En efecto, las colonias de insectos pueden contener varias decenas de miles, incluso varios millones, de individuos. Los miembros de la colonia no son todos idénticos. Y cabe identificar grupos que se llaman «castas». Los insectos pertenecientes a una misma casta desempeñan todos un determinado papel.

En las abejas melíferas, esta división del trabajo se lleva al extremo[e]. La colonia incluye una sola hembra reproductora, la reina. Esta sobre-

[c] Fragmento de estela grabada que comprende tres versiones de un mismo texto en jeroglíficos, en escritura egipcia demótica y en el alfabeto griego. El descubrimiento de esta piedra en 1799 permitió descifrar en el siglo xix el sistema de jeroglíficos del antiguo Egipto.

[d] Disciplina que estudia las bases biológicas de los comportamientos sociales. Numerosos resultados fundacionales de esta teoría se han obtenido estudiando insectos sociales, aunque posteriormente se hayan observado en otros ámbitos del reino animal. En cambio, la aplicabilidad de los conceptos sociobiológicos al ser humano resulta mucho más controvertida.

[e] Numerosas sociedades de insectos se caracterizan por una división del trabajo reproductivo. Es uno de los tres criterios que definen el nivel de socialidad más integrada de lo vivo (la eusocialidad), con la cooperación en los cuidados prestados a los jóvenes y el solapamiento de las generaciones de adultos en el grupo. Según estos criterios, la eusocialidad es una forma de vida social muy poco extendida en el seno del reino animal. Se observa entre las termitas, las hormigas y algunas abejas y avispas. Algunas especies de pulgones, de gambas y de ratas topo también presentan estos criterios.

vive varios años y es la que pone los huevos. También cuenta con machos, cuyo único papel es el acoplamiento, y con hembras estériles que se llaman «obreras» y cuya esperanza de vida varía entre unas semanas y unos meses. Son las obreras las que constituyen la mayoría de los miembros de la colonia: las abejas que vemos forrajear en nuestros jardines. Estos individuos sufren cambios fisiológicos y cerebrales a lo largo de toda su vida que se traducen en modificaciones de su comportamiento con la edad. Hablamos de «polietismo temporal». En las abejas melíferas, este polietismo está muy bien regulado. Cuanto más envejece una abeja, más arriesgadas son las tareas que realiza, lejos de su colonia. Una joven obrera se ocupa primero de la limpieza de las celdillas que contendrán las larvas y luego las reservas de miel y de polen (los tres o cuatro primeros días). Luego la abeja alimenta a su reina y a las larvas (entre cinco y diez días), produce el opérculo de cera que recubre las celdillas (once-dieciséis días), se sitúa a la entrada de la colmena para controlar los accesos y ventilar si hace demasiado calor (doce-veintidós días) y, por último, se convierte en forrajera hasta su muerte (a los veintitrés-treinta días), al cabo de aproximadamente un mes de leales servicios a la colonia.

La abeja melífera tiene quince glándulas que le permiten producir unas mezclas químicas que contienen informaciones útiles para comunicar (las feromonas). Desde principios de los años 2000, se ha avanzado mucho en la descodificación de estas señales. Se sabe, por ejemplo, que, para conseguir que se la reconozca entre estas masas de obreras anónimas, la reina produce una feromona real que segregan unas glándulas situadas en la base de sus mandíbulas (las pinzas de la mandíbula). Esta feromona real atrae a las obreras que la alimentan y la asean. En ese momento, las obreras se cubren ellas mismas con el olor de la reina, que distribuyen a los demás miembros de la colonia mediante contactos. Esta feromona real es esencial para el buen funcionamiento de la sociedad. Entre otras cosas, inhibe en las obreras la construcción de nuevas celdillas reales que encumbrarían a otras reinas competidoras y reduce en ellas el desarrollo de los órganos genitales (ovarios) para evitar que pongan huevos. Alison Mercer y su equipo de la Universidad de Otago, Nueva Zelanda, han puesto de manifiesto que esta feromona afecta también a las capacidades de aprendizaje de las abejas[2]. Así, unas obreras expuestas durante varios minutos a la feromona real ya no pueden aprender a asociar un olor a un acontecimiento negativo, como una descarga eléctrica, si perciben cerca de ellas el olor de la reina. En cambio, estas mismas obreras siempre son muy capaces de asociar un olor a un acontecimiento positivo, como una recompensa de agua azucarada. Se trata muy probablemente de un mecanismo de protección para evitar que las obreras asocien la presencia de la reina a un acontecimiento negativo y dejen de repente de ocuparse de ella. Estas feromonas reales, esenciales para el mantenimiento de la cohesión de la colonia, se han observado en numerosos insectos sociales, como las avispas y las hormigas[3].

Otras señales químicas que cubren la superficie del cuerpo de los insectos (la cutícula) permiten a las obreras identificar su pertenencia a la colonia. Estas señales son unos lípidos que se denominan «hidrocarburos cuticulares». Como el petróleo y el gas natural, se trata de compuestos orgánicos constituidos exclusivamente por átomos de carbono y de hidrógeno[f]. Se trata fundamentalmente de una capa de grasa protectora que evita que los insectos se mojen, y también que se desequen. En efecto, los animales de pequeño tamaño están muy expuestos al riesgo de desecación, porque la superficie del cuerpo, y por tanto el área de evaporación del agua, es proporcionalmente mayor con respecto a su tamaño. Los hidrocarburos cuticulares constituyen también una protección mecánica contra los ataques de bacterias patógenas y de parásitos, a los que impiden penetrar fácilmente en el cuerpo del insecto. Por último, estas moléculas en la superficie del cuerpo son una mina de información que los insectos utilizan para comunicarse. La diversidad de los compuestos presentes en la cutícula de un insecto y su proporción relativa componen una firma química, que informa sobre su identidad. A la manera de quienes, en la Antigüedad, practicaban la lecanomancia[g] y leían el futuro en las manchas de aceite, los insectos son capaces de leer la identidad de sus congéneres en los hidrocarburos.

---

[f] Para los aficionados a la bioquímica: esta capa de hidrocarburos está compuesta principalmente por alcanos lineales, alcanos metil ramificados y alquenos, y su longitud oscila entre veinte y cuarenta átomos de carbono.

[g] Técnica adivinatoria por medio del agua o el aceite contenido en un plato. Consiste en arrojar piedras preciosas al líquido y deducir el porvenir a partir del sonido o de los reflejos de luz producidos.

En las colonias de abejas y de hormigas, los hidrocarburos de superficie se intercambian continuamente a través del roce de los individuos con su nido o del contacto entre las antenas y de los intercambios de alimento (las trofalaxias[h]). A través de estas transferencias químicas, las obreras hermanas, hermanastras o emparentadas en menor grado de una misma colonia acaban por llevar todas el mismo olor. Esta mezcla, procedente de la homogeneización de los olores individuales de todos los miembros de la colonia, es única y permite el reconocimiento colonial. Así pues, dos colonias de la misma especie suelen llevar la misma mezcla de hidrocarburos cuticulares, pero en proporciones relativas diferentes, hecho que permite distinguirlas. Como en el caso de los cócteles, ¡el secreto está en la dosis! Si se introduce una hormiga extranjera en un hormiguero, será inmediatamente excluida o ejecutada por las obreras, porque su olor es ligeramente diferente. En cambio, si a esta hormiga se la impregna previamente con el olor de la colonia huésped, será aceptada.

En las abejas melíferas, la discriminación se produce a la entrada de la colonia y corre a cargo de unas obreras especializadas denominadas «guardianas». Son ellas las que protegen el nido de las intrusiones, por ejemplo las redadas de colonias vecinas que saquean las reservas de miel en época de escasez. Las guardianas reconocen a las intrusas comparando el olor del individuo que se presenta a la entrada de su colonia con su propio olor. Cuanto más se parecen los dos olores, más proclives se muestran las guardianas a dejar entrar al individuo. Patrizia d'Ettore y su equipo de la Universidad de París 13 han estudiado a fondo estas cuestiones de reconocimiento colonial y han puesto de manifiesto que el olor de los materiales del nido es un elemento clave de la identidad química de las abejas[4]. En particular, la cera que segregan las obreras para construir las celdillas está constituida principalmente por ácidos grasos e hidrocarburos, de los que las abejas pueden impregnarse pasivamente deambulando por el nido. Para demostrar este efecto, Patrizia intercambió los marcos de cera de diferentes panales. Esto le permitió observar que las obreras de estas distintas colonias

---

[h] Regurgitaciones de alimento predigerido en el aparato bucal de una obrera en el de otra.

tenían una mayor tendencia a aceptarse entre ellas que las obreras de colonias cuyos marcos no se habían intercambiado. Los olores coloniales de las colmenas asociadas se habían homogeneizado a través del contacto de las abejas con las ceras.

Este sistema de reconocimiento químico, aunque sencillo y eficaz, no es por tanto perfecto, pues depende del nivel de semejanza entre el olor de los intrusos y el de la colonia. Dependiendo de los umbrales de tolerancia, variables entre las guardianas, este nivel puede considerarse aceptable o inaceptable. Así, en un colmenar de abejas melíferas en el que varias colonias se sitúan una junto a otra, casi el 30 % de las obreras presentes en una colmena pueden proceder de otra. Si las colmenas están dispuestas en línea, este porcentaje es mayor en la colmena que ocupa la posición central en la línea que en las colmenas situadas en los extremos[5]. Este extravío de individuos probablemente sea accidental, debido a errores de navegación o de reconocimiento de la colmena por parte de las abejas. Se permite porque los olores de las abejas de colmenas vecinas son suficientemente parecidos como para que sean aceptadas. Esto es además una propiedad que los apicultores conocen bien y aprovechan cuando transfieren abejas de una colmena a otra, bien porque hay demasiadas (para evitar una enjambrazón[i]), bien porque no hay suficientes (para mantener la colonia viva). Cada cual tiene su propio método. Por ejemplo, mi formador en apicultura vaporiza pastís diluido en sus colmenas para enmascarar los olores coloniales. No sabemos si el truco funciona con otros licores, ni si sus abejas le piden más. Pero no cabe duda de que perfumar así aumenta la tasa de aceptación de obreras extranjeras en las colmenas receptoras.

Este fenómeno de aceptación es tanto más marcado cuanto más jóvenes son las abejas, poco tiempo después de su metamorfosis en adultas[j]. En esta fase, no llevan firma química (o llevan muy poca), por lo

---

[i] Entre las abejas melíferas cuyas reinas pueden sobrevivir varios años, la enjambrazón marca el momento en el que la colonia se divide. La antigua reina abandona la colonia con la mitad de las obreras para dirigirse a un nuevo lugar de nidificación y deja la colmena, el nido y las reservas de alimento a la nueva reina y al resto de las obreras. Se trata de una reproducción por fisión.

[j] Las abejas son insectos «holometábolos», caracterizados por una metamorfosis completa entre el estadio larvario y el estadio adulto. Esta metamorfosis pasa por cuatro estadios: el huevo, la larva, la ninfa y el imago (adulto).

que no exhiben su origen colonial. Estas abejas adquieren luego progresivamente el olor de su colonia de adopción al entrar en contacto con el nido y con otras abejas. Este fallo de seguridad en el sistema de reconocimiento colonial también lo explotan determinados parásitos para introducirse en las colonias de abejas y, en ocasiones, para instalarse de manera duradera al adquirir el olor colonial. Es el caso de las abejas «cuco», cuyas hembras ponen sus huevos en el nido de otras especies de abejas. En algunas de estas abejas, las hembras tienen un olor poco intenso, lo que las convierte en químicamente neutras o invisibles para sus huéspedes y facilita considerablemente su introducción en el nido que pretenden parasitar.

Aunque el reconocimiento colonial sea la norma en los insectos sociales, algunos han perdido esta capacidad, lo que permite a colonias vecinas de la misma especie unirse a ellos sin distinción. En estas poblaciones concretas, las obreras, las reinas y las larvas, así como el alimento, se intercambian en el seno de inmensas redes de colonias que constituyen una única «supercolonia». Esto se da, en particular, en varias especies de hormigas. Durante mucho tiempo, la mayor supercolonia de insectos conocida era la de la hormiga pelirroja japonesa (*Ezo-akayama-ari* para los nipófonos). Vive en la isla de Hokkaido, donde se estima que ocupa casi 3 km$^2$, y cuenta más de doscientos millones de obreras y un millón de reinas distribuidas en cuarenta y cinco mil nidos interconectados. En la actualidad ostenta el récord la hormiga argentina. Probablemente tú ya la conozcas. En su zona de origen, en Sudamérica, esta hormiga forma colonias con una sola reina. Se dice de ella que es monogínica. Cuenta con un sistema de reconocimiento colonial muy estricto, que suele conducir casi siempre a la ejecución de cualquier hormiga intrusa. Pero, desde principios del siglo xx, la hormiga argentina ha sido importada a numerosos países, donde se ha instalado con éxito. Laurent Keller y su equipo de la Universidad de Lausana, Suiza, han descrito una supercolonia de estas hormigas en el área mediterránea[6]. Se extiende por más de 6.000 km, de Portugal a Italia, pasando por Toulouse (está presente en mi laboratorio y volveré más tarde sobre ello[k]), y cuenta con miles de millones de obreras y millones de ni-

---

[k] Véase el capítulo «El superorganismo».

dos y de reinas. Estas poblaciones invasivas son pues poligínicas. Unos experimentos que combinaron individuos procedentes de supercolonias de hormigas argentinas en Norteamérica, en Europa y en Japón pusieron de manifiesto la incapacidad de estas hormigas para discernirse entre sí, lo que sugirió que pertenecían a una sola y misma «megacolonia» transcontinental. Por supuesto, no es una misma colonia propiamente dicha, puesto que no se producen intercambios naturales de individuos a través de los océanos. Pero esto demuestra que todas estas poblaciones invasivas han perdido su capacidad de reconocimiento colonial. De hecho, tal vez sea la clave del éxito de estas invasiones.

......................................................................................

### Las cucarachas deben caminar

Se cree que las abejas y las hormigas no son capaces de reconocer su grado real de entroncamiento, sino solo su pertenencia a una colonia, y ello para evitar los conflictos fratricidas que generaría la pérdida de cohesión del grupo. Para tratar de comprenderlo, va a ser preciso esforzarse un poco. Hay que plantearse una colonia de insectos como una familia. Y como en todas las familias, existen conflictos. En el seno de esta familia de insectos sociales, todo el mundo se ayuda para garantizar la supervivencia y la reproducción de los más jóvenes (los huevos y las larvas). Esta forma de altruismo es un principio básico en el mundo animal. William Hamilton (1936-2000), profesor de la Universidad de Oxford, Reino Unido, y genio de la biología evolutiva[1], lo denominó «selección de parentesco»[7]. Cuando la familia es pequeña, por ejemplo si la colonia ha sido fundada por una sola reina, todos sus miembros son hermanas, o hermanastras si la reina se ha acoplado con varios machos (una reina de abeja doméstica puede acoplarse con una quincena de machos). Reconocer su parentesco equivale por tanto a reconocer a los miembros de su colonia. Pero cuando su familia es grande, por ejemplo si la colonia ha sido fundada por varias reinas, la

---

[1]   Muchos lo consideran el Darwin del siglo XX. William D. Hamilton teorizó numerosos conceptos de biología evolutiva que mucho más tarde han resultado ser válidos y fundamentales. La teoría de la selección de parentesco es el cimiento de la sociobiología.

diversidad genética entre los miembros de la colonia aumenta considerablemente. En ella habrá hermanas, hermanastras, primas y sobre todo muchas obreras no emparentadas. En este caso, reconocer su parentesco permite discriminar estas diferentes clases de individuos en la colonia. En estas grandes familias en las que cada cual intenta favorecer a sus parientes más próximos se pueden dar comportamientos altruistas contrarios al interés colectivo. ¿Me explico?

Este fenómeno es todavía más acentuado en los insectos himenópteros[m], orden al que pertenecen las abejas, las hormigas y las avispas. Presentan la particularidad genética de ser «haplodiploides»: los machos solo tienen un ejemplar de cada cromosoma mientras que las hembras tienen dos (como tú y yo). En las especies sociales, solo las reinas ponen huevos fecundados. De estos huevos nacen las hembras, es decir, las futuras reinas y obreras. En cambio, todas las hembras son capaces de poner huevos no fecundados, es decir, los futuros machos. Es lo que se llama «partenogénesis», una forma de clonado natural. En las colonias de insectos con un solo linaje genético (las familias pequeñas con una reina), las obreras ocasionalmente pueden poner huevos macho. Pero estos inmediatamente son destruidos por la «policía» de las obreras, que se come los huevos o los echa fuera del nido. Además de que los huevos de insectos son excelentes fuentes de proteínas, el motivo de estos infanticidios organizados se halla en la «haplodiploidía». Las obreras están por término medio emparentadas en menor grado con los hijos de otras obreras (sus sobrinos) que con los hijos de la reina (sus hermanos), por lo que los primeros son devorados o destruidos antes incluso de eclosionar, mientras que a los segundos se les perdona la vida. ¿Me sigo explicando?

Si consideramos ahora unas colonias con varios linajes genéticos (las familias grandes con varias reinas), unas obreras con la facultad de reconocer sus verdaderos vínculos de parentesco podrían comenzar a destruir los huevos macho y hembra de las reinas con las que guardan menor parentesco. Semejante sistema represivo resultaría contraproducente para la colectividad e impediría que la colonia siguiera funcionando correctamente, pues las obreras se dedicarían a poner huevos y

---

[m] Orden de insectos que incluye unas ciento quince mil especies.

a matar en lugar de a construir, alimentar y limpiar. Así pues, entre estos insectos, y en beneficio de todos, probablemente sea mejor limitar las capacidades de reconocimiento social al ámbito de la colonia.

Sin embargo, no todas las sociedades de insectos se basan en un sistema de división del trabajo, como ocurre en el caso de las abejas o las hormigas. En realidad, la mayoría de los insectos viven en grupos mucho menos organizados. Por consiguiente, en estas sociedades más sencillas, en las que los individuos no dependen unos de otros para alimentarse y reproducirse, el reconocimiento de parentesco no debería suponer un riesgo de conflicto genético deletéreo. Puse a prueba esta hipótesis durante mi doctorado junto a Colette Rivault, a la sazón investigadora de la Universidad de Rennes y una de las escasas (muy escasas) especialistas en el comportamiento de las cucarachas.

Antes de integrarme en su laboratorio, yo realmente no sabía lo que era una cucaracha, o cuca, llámala como quieras. En cambio, conocía su mala reputación. Y, al igual que muchos estudiantes antes que yo, no me sentía especialmente entusiasmado ante la perspectiva de pasar varios años en contacto con ellas: en general las cucarachas despiertan más el deseo de aplastarlas que de estudiarlas. Pero mi prejuicio cambió rápidamente. La mala reputación de las cucarachas se debe a que una quincena de especies vive en nuestros edificios sin ser bienvenidas. Son algo así como unos parásitos obligatorios del ser humano, hasta tal punto que no se sabe si estas especies podrían sobrevivir en la naturaleza. Aunque resulte muy desagradable compartir la cocina con las cucarachas, y extremadamente complicado deshacerse de ellas, estos insectos son víctimas de una serie de leyendas urbanas que me veo obligado a esclarecer antes de seguir adelante. Las cucarachas no transmiten enfermedades al ser humano. No ponen todos sus huevos en el momento en que las aplastamos. No roen nuestros cabellos de noche mientras dormimos. Y, a pesar de su capacidad para sobrevivir en condiciones difíciles, esto no incluye las explosiones nucleares. Existen cerca de cuarenta mil especies de cucarachas[8] de morfología y costumbres diversas. Algunas presentan vivos colores, y otras cantan, un poco como las cigarras. La mayoría vive en los bosques tropicales. Numerosas especies son gregarias en el sentido de que viven en grupos más o menos estables en diferentes momentos de su vida. Algunas han desarrollado vínculos muy íntimos con su progenitura, hasta el punto de que incluso alimentan a sus larvas con secreciones nutritivas, como si amamantaran a un bebé. Un puñado de especies incluso ha adquirido la capacidad para alimentarse de la madera. Han dado lugar al inmenso grupo de insectos sociales que conforman las termitas[n]. Todas estas razones las convierten en un grupo de insectos ineludible cuando uno se interesa por la evolución de la vida social. Pero, no te preocupes, en este capítulo no te voy a pedir que te proyectes en la cabeza de una cucaracha. Me limitaré a explicarte cómo se comunican.

Para comprobar si las cucarachas son capaces de reconocer su grado de parentesco cuando se encuentran, y no su mera pertenencia a un grupo, como las abejas, estudié en profundidad su vida sexual. Según los modelos de la teoría de aprovisionamiento óptimo (los mismos que para los alienígenas y las avispas parasitoides), los animales eligen a sus parejas con el criterio de optimizar la calidad de sus descendientes. Los acoplamientos incestuosos, entre hermanos y hermanas en particular, suelen evitarse, pues la descendencia no es viable debido a incompatibilidades genéticas. En el caso en que unos jóvenes nacidos de acoplamientos consanguíneos se desarrollen, no sobrevivirán mucho tiempo o no serán capaces a su vez de reproducirse. Basándome en esta constatación, decidí poner a prueba si las cucarachas evitaban acoplarse con los miembros de su familia cuando podían elegir[9]. Siguiendo los consejos de Colette, empecé por ir al terreno a recoger cucarachas para formar un criadero. A diferencia del resto de los estudiantes de mi promoción, que iban a realizar sus experimentos con las aves de la Antártida o con los caballos salvajes de Mongolia, yo me fui a poner trampas para cucarachas en edificios infestados de ellas. Para presentarme a sus habitantes, les explicaba que estaba probando nuevas técnicas de eliminación para una empresa de desratización (curiosamente, los desratizadores a menudo también se especializan en la eliminación de cucarachas). No es esta precisamente la parte que más me enorgullece. Pero en realidad solo era una mentira a medias, ya que, como no sabe-

---

[n] Las filogenias basadas en análisis moleculares revelan que las termitas (el amplio grupo de los isópteros) son una rama de las cucarachas que ha desarrollado un modo de vida social cuya complejidad es comparable al de las abejas, hormigas y avispas sociales.

mos gran cosa sobre el comportamiento de las cucarachas, cualquier nuevo estudio, incluso sobre el reconocimiento del parentesco, aportaría necesariamente conocimientos útiles para la mejora de las trampas. Al menos a largo plazo.

En las escasas ocasiones en las que me abrieron la puerta, pude colocar trampas de fabricación propia: pan y cerveza. A las cucarachas les encanta la cerveza tostada. Siguiendo siempre las recomendaciones de Colette, había fabricado un «cazacucarachas» para maximizar la eficacia de la caza con trampa: un aspirador eléctrico equipado con un calcetín situado en el interior del tubo del aspirador. El aspirador permitía recoger a las cucarachas vivas. El calcetín era fundamental para evitar que las cucarachas volvieran a salir del aspirador (utiliza mejor una media si quieres atrapar un gran número de ellas de una vez). Tras varias noches de caza con trampa con mi falso disfraz de *Ghostbuster,* conseguí crear un criadero de cucarachas germánicas (las más comunes en nuestras ciudades), registrando meticulosamente la identidad de cada individuo, su lugar de captura y sus diferentes acoplamientos. Para ello tuve que marcar a las cucarachas una a una con pintura. Cada hembra y cada macho estaban asociados a un color diferente. Sus descendientes llevaban los dos colores. Al cabo de apenas unas generaciones, todo el cuerpo de los insectos estaba cubierto de manchas de pintura, lo cual les había cambiado su apariencia original pero no les impedía cortejarse.

Un día por fin introduje en unas cajas transparentes a unas hembras y unos machos cuyos vínculos de parentesco conocía y estuve observándolos noche y día. Le había comentado a Colette unas semanas antes la idea de este experimento, pero ella nunca pareció convencida de la necesidad de invertir tantos esfuerzos para responder a nuestra pregunta sobre el incesto. En retrospectiva, ella tenía razón: yo habría podido reflexionar un poco más para dar con un protocolo menos exigente. Pero estaba impaciente por saber. Y por ello no se lo conté todo. Al menos al principio...

Comencé mi experimento un domingo por la mañana, aprovechando que el laboratorio estaba vacío. En la noche del domingo al lunes, ya había entendido tres cosas. En primer lugar, me di cuenta de lo cansado que resulta observar a unas cucarachas durante veinticuatro horas bajo una luz roja°. En segundo lugar, el experimento iba muy bien: las cucarachas preferían efectivamente acoplarse con una pareja sexual con la que no tuvieran parentesco antes que con un hermano o una hermana. Por último, al ser el ritmo de los acoplamientos muy lento, probablemente iba a tener que seguir observando las cajas durante varias semanas para conseguir suficientes resultados. Tras una corta negociación, decidimos que Colette le dedicaría los días y yo las noches. Durante aquellas largas horas de observación, aproveché las pausas entre acoplamientos de cucarachas para ilustrarme un poco leyendo *La metamorfosis* de Franz Kafka y *La Mosca* de David Cronenberg. Mi historia tuvo un final diferente. Tras observar a cientos de cucarachas copular en diferentes tipos de cajas y laberintos, pudimos demostrar que estos insectos eran capaces de reconocer con gran precisión su grado de parentesco entre parejas sexuales, ya fueran hermanas, hermanastras, primas, miembros de la misma familia ampliada o de poblaciones más alejadas recogidas en Rennes, en Tours o en Rusia[10]. Es más, este reconocimiento del parentesco estructura la vida social de las cucarachas. Los machos y las hembras prefieren acoplarse con desconocidos por la noche. Pero cuando se trata de elegir un lugar para descansar durante el día guarecidos de los predadores, se agrupan prioritariamente en familia. Acurrucándose unas contra otras, las cucarachas se calientan y consumen menos energía. También evitan desecarse reduciendo la superficie de su cuerpo que está en contacto con el aire. Intercambian microbios beneficiosos para la digestión, información sobre las fuentes de alimento disponibles por los alrededores y disminuyen sus riesgos individuales de que un ser humano o un perro las atrape. Se cree por lo tanto que las cucarachas forman estos grupos de parientes porque son altruistas: comparten los beneficios de la vida en grupo prioritariamente con quienes tienen un mayor número de genes en común. Al igual que en el caso de las abejas y de las hormigas (y de los judas), este reconocimiento social pasa por los hidrocarburos cuticulares. En este caso, sin embargo, las firmas químicas no se homogeneizan

---

° Las cucarachas se acoplan por la noche. Al igual que las abejas, ven los colores, pero su espectro de visión está desfasado con respecto al nuestro, de tal modo que ven el rojo como gris. Por tanto, se puede observar a los insectos en la oscuridad sin perturbarlos utilizando una luz roja que para ellos es invisible.

en el seno de los grupos, de modo que cada cucaracha conserva su propio olor, su firma química individual.

Liz Tibbetts y su equipo de la Universidad de Michigan, Estados Unidos, han demostrado que algunos insectos sociales son capaces de niveles de reconocimiento todavía más elaborados que los descritos en las cucarachas. Es el caso de las avispas *Polistes,* que viven en pequeñas sociedades en nidos de papel cuyos miembros presentan interacciones complejas y estables a lo largo del tiempo. Estas interacciones sociales requieren identificar individuos específicos en la colonia. En la especie *Polistes fuscatus,* común en Norteamérica, las colonias a menudo son fundadas por varias hembras que no están necesariamente emparentadas. Estas avispas hembra luchan para establecer una jerarquía de dominación que determine cuál de ellas va a reproducirse (la reina) y cuáles van a trabajar para el desarrollo de la colonia (las obreras). En apenas algunos días, la intensidad y el número de agresiones entre las avispas disminuyen a medida que la jerarquía se estabiliza en el nido. Las relaciones se aclaran.

Manipulando estas avispas, Liz observó que tienen unas máscaras faciales distintivas o, en todo caso, que presentan una gran variabilidad de colores y de formas en la cabeza, incluso en el seno de un nido. Algunas avispas tienen máscaras totalmente marrones. Otras presentan una dominante amarilla. Pero la mayoría se sitúa entre estos dos extremos. Liz planteó la hipótesis de que estas máscaras eran el equivalente de nuestros rostros. Para comprobarla, se le ocurrió la genial idea de modificar estas máscaras mediante pintura negra. Esto le permitió observar que podía modificar la tasa de agresiones entre las avispas[11]. Las avispas modificadas recibían más agresiones que las avispas no manipuladas. Estas agresiones disminuían a medida que todas las avispas de la colonia se iban familiarizando con las nuevas máscaras. La especialización de estos insectos en el reconocimiento facial es tal que aprenden a identificar máscaras de avispas más rápidamente que cualquier otra imagen, ya sean formas geométricas abstractas o imágenes de orugas, sus presas predilectas. En cambio, otras especies de avispas *Polistes,* que se encuentran cerca de estas en el árbol filogenético pero que viven en solitario, son incapaces de aprenderse los rostros de otras avispas. Esto demuestra que el reconocimiento individual es una adaptación a la vida en grupo, en determinadas condiciones, y no una capacidad que compartan todos los insectos.

## Golf, trampas y *peep-show*

Vivir en un grupo, cualquiera que este sea, permite aprender unos de otros. En contacto con nuestros congéneres, adquirimos nuevos conocimientos y competencias que luego transmitimos. Es la acumulación de este saber lo que constituye la base de nuestras culturas. La ciencia se construye sobre este mismo principio[p]. Si Hans Lippershey (1570-1619) no hubiese documentado su invento del telescopio, Galileo (1564-1642) probablemente no habría descubierto que la Tierra gira alrededor del Sol, y la sonda espacial Perseverance nunca se habría posado sobre Marte para buscar indicios de vida pasada. Reconozco humildemente que, si varias generaciones de investigadores no hubieran documentado sus trabajos sobre la comunicación química de las abejas y de las hormigas, yo nunca habría descubierto el reconocimiento de parentesco en las cucarachas. Probablemente habría estado demasiado ocupado tratando de comprender, para empezar, para qué sirven sus antenas...

En la década de 1950, varios investigadores observaron que estas capacidades de aprendizaje social y de transmisión cultural no se limitaban al ser humano[12]. Por ejemplo, unas poblaciones de herrerillos azules en Inglaterra adquirieron la costumbre de perforar el precinto de aluminio de las botellas de leche para beberse su contenido. Unos grupos de macacos en Japón lavan sistemáticamente las batatas en un arroyo antes de consumirlas. Unos chimpancés en Tanzania se dan la mano para saludarse. Hasta muy recientemente, no sospechábamos que este tipo de transmisiones culturales pudieran observarse también en los insectos. Pero así es. Y las abejas abusan de esta facultad.

---

[p] En una de sus cartas, el físico británico Isaac Newton (1642-1727) escribió: «Si he llegado a ver más lejos que otros, es porque me subí a hombros de gigantes». La expresión se suele utilizar hoy en día para describir que la ciencia se apoya en los descubrimientos de autores anteriores, de manera acumulativa.

Lars Chittka, colega mío de la Universidad Queen Mary de Londres, ha contribuido en gran medida a este trabajo, adaptando protocolos de psicología experimental hasta entonces reservados a los seres humanos y a un puñado de otros vertebrados supuestamente inteligentes como los grandes monos y los córvidos... ¡a los abejorros! Observando cómo forrajean los abejorros unas flores de plástico en una pequeña caja cerrada con una tapa transparente, Lars y su equipo han puesto de manifiesto que los insectos son capaces de aprender unos de otros por simple observación[13]. El experimento consiste en hacer que un abejorro «observador» aprenda a forrajear flores de un determinado color (pongamos azul) observando a un abejorro «demostrador» que conoce la tarea. Al abejorro demostrador se le entrena primero individualmente. Debe comprender por ensayo-error que las flores azules contienen agua azucarada y que no debe forrajear flores de otro color (pongamos verdes) porque contienen agua mezclada con quinina (una sustancia amarga que a estos animales no les gusta nada y que no te recomiendo que pruebes). Tras varios intentos, el abejorro demostrador se convierte en experto: comete muy pocos errores cuando se le da la opción de elegir entre flores azules y flores verdes. En ese momento se puede colocar a un abejorro observador, que nunca ha visto las flores, al otro lado de una pantalla transparente para que aprenda la tarea. Cuando al abejorro observador se le pone a prueba en el dispositivo, se dirige desde el primer intento hacia las flores de color azul, lo que demuestra que ha aprendido por simple observación.

Pero ahí no acaba la cosa. Este aprendizaje social también puede producirse entre observadores y demostradores de especies diferentes, como los abejorros y las abejas melíferas, hecho que pone de manifiesto la importancia de las informaciones sociales para los polinizadores, cualquiera que sea su origen. En efecto, vemos frecuentemente que los abejorros forrajean las mismas flores que las abejas melíferas. La presencia de un polinizador en una flor es una buena señal que informa sobre la cantidad de néctar o de polen disponible en ella. Resulta todavía más sorprendente, contrariamente a lo que se ha pensado durante mucho tiempo, que estas capacidades de aprendizaje social no sean específicas de las especies sociales. Algunas mariposas cuyo modo de vida es estrictamente solitario aprenden a reconocer las flores más ricas en néctar observando a las abejas. ¡Y todavía hay más! Entre los abejorros, la transferencia de información funciona incluso cuando los insectos demostradores se sustituyen por modelos de resina, más o menos parecidos a otros abejorros, como ojivas pintadas de amarillo y negro, o de otros colores. Esto demuestra que dichos aprendizajes mediante observación implican formas de aprendizaje asociativo clásico entre estímulos visuales y recompensas, sin que haya que recurrir a nuevas capacidades cognitivas vinculadas a la vida social[14].

Utilizando este mismo procedimiento de aprendizaje por observación, los abejorros son capaces de incorporar nuevas técnicas de forrajeo. Inspirándose de nuevo en trabajos de psicología experimental, Lars y su equipo han establecido que los abejorros son capaces de aprender a tirar de una cuerda para forrajear, comportamiento que no existe en la naturaleza[15]. Aunque a menudo los abejorros se ven obligados a empujar, tirar y apartar pétalos para colarse en la corola de las flores, estas no están equipadas con cuerdas. Sin embargo, con un poco de paciencia y de imaginación, es posible hacerle comprender a un abejorro demostrador que puede tirar de una cuerda para acceder a una gota de agua azucarada depositada sobre un disco inaccesible aunque visible bajo una plataforma transparente. Un abejorro observador que contempla al abejorro demostrador tirar de la cuerda es luego capaz de realizar la tarea cuando se le coloca a él solo delante de la cuerda. Este comportamiento es transmisible de abejorro a abejorro, de modo que poco a poco se forma una cadena de transmisión, hasta el punto de que se habla de la emergencia de una verdadera cultura.

Este mismo equipo, pulverizando el mito del insecto-autómata, ha demostrado que los abejorros son capaces de mejorar un comportamiento aprendido mediante observación, proeza comparable a nuestra capacidad de innovar a partir de conocimientos comunes. Lars y sus colegas enseñaron esta vez a unos abejorros a empujar una pelotita hasta un agujero para obtener una gota de agua azucarada[16]. Tuve la fortuna de asistir a este experimento. La verdad es que sigo sin saber si la descripción más fiel de él es que los abejorros aprendieron a jugar al golf o al fútbol. (Si hubieran entrenado a varios abejorros a la vez en el mismo recinto, habríamos podido decir sin vacilar que jugaban al rugby, pues los abejorros no dudan en darse codazos para conseguir una gota de néctar.) En este caso, una vez más, este comportamiento, que no existe *a priori* en la naturaleza, puede transmitirse de un abejorro a otro por simple observación. Pero sus proezas no terminan aquí. Si el abejorro observador considera que la actuación del abejorro demostrador es poco eficaz, la puede mejorar. Así pues, si se le enseña al demostrador a empujar la pelotita más alejada del agujero cuando puede elegir entre varias pelotas situadas a diferentes distancias, el observador preferirá empujar la que está más cerca del agujero. Con ello reduce sus distancias de desplazamiento en lugar de copiar a su congénere sin reflexionar. En este caso concreto, la cultura evoluciona.

Más allá del carácter sorprendente y a veces divertido de este tipo de descubrimientos, cabe preguntarse si realmente estamos describiendo un fenómeno semejante al que conocemos en el ser humano. ¿O acaso se trata de algo totalmente diferente, que hemos interpretado demasiado apresuradamente cuando no hay ninguna posibilidad de que se produzca en la naturaleza? La respuesta a estas preguntas se halla a menudo ante nuestros ojos. En el caso que acabamos de comentar, basta con observar a los abejorros forrajear a finales del verano. En esa época, es frecuente constatar que los abejorros, cuando visitan las flores, no se posan sobre ellas ni penetran en su interior, sino que se cogen a ellas por debajo. Estos abejorros se agarran al tallo de la flor e introducen su probóscide agujereando la base de la corola. Actuando de este modo, consiguen grandes cantidades de néctar con menos esfuerzo. En cambio, no depositan ni colectan polen y, por tanto, no contribuyen a la reproducción de las plantas a las que, por consiguiente, saquean. Este comportamiento oportunista, a veces calificado de «tramposo», surge de manera aleatoria para luego propagarse en el seno de las poblaciones. Basta con que un único abejorro comprenda que es posible perforar la base de las flores con sus mandíbulas y que del agujero salga más néctar del que brota en los nectarios de la flor. Este abejorro innovador tenderá luego a seguir perforando los tallos de las demás flores de la misma especie, aunque también podrá volver a utilizar sus propios agujeros para alimentarse en las flores que ya haya visitado. Se trata de un tramposo primario. Otros abejorros que lo hayan observado podrán ponerse a su vez a hacer agujeros, o utilizarán los ya existentes; en tal caso se les llama «tramposos secundarios». Esta forma de hacer trampa que se observa en los abejorros también puede transmitirse a otros polinizadores, en particular a las abejas melíferas. Afortunadamente para las plantas, estas últimas, que son mucho más numerosas que los abejorros[q], son incapaces de realizar por sí mismas los agujeros porque sus mandíbulas son demasiado pequeñas. Utilizan los orificios creados por los abejorros. ¡Son unas excelentes tramposas secundarias! Por tanto, todos los años por la misma época, auténticas culturas en miniatura surgen y luego desaparecen a medida que las colonias de abejorros se desarrollan en primavera y se descomponen en otoño, una vez que las futuras reinas se dispersan[r].

Estos fenómenos de transmisión cultural están probablemente mucho más extendidos de lo que se cree entre los insectos. Étienne Danchin y Guillaume Isabel, colegas míos de la Universidad de Toulouse, han desvelado por ejemplo la existencia de una cultura entre las moscas drosófilas[17], cuyo cerebro adulto tiene dos tercios de neuronas menos que el de una abeja[s]. Las drosófilas son esas moscas pequeñas que sobrevuelan los cestos de fruta y los vasos de cerveza y cuyas larvas se desarrollan en apenas tres días. Su ciclo de vida ultrarrápido (unos diez días) y la facilidad para mantenerlas en criaderos las convierten en uno de los animales más comunes en los laboratorios de todo el mundo. Hoy en día probablemente sea el organismo más estudiado, junto al del ser humano y al del ratón. Esta mosca ha permitido un número incalculable de descubrimientos sobre el funcionamiento de los seres vivos gracias a enfoques genéticos que permiten crear muy fácilmente poblaciones mutantes para determinados comportamientos[t]. Sin em-

---

[q] En las colonias de abejorros maduras puede haber entre doscientas y quinientas obreras, mientras que las colonias de abejas melíferas pueden tener entre cuarenta mil y ochenta mil obreras.

[r] Los abejorros tienen un ciclo de colonia anual. La reina funda la colonia en primavera. Produce obreras hasta finales del verano. Más avanzada la estación, las futuras reinas y los machos se acoplan y abandonan el nido para hibernar durante el invierno. La reina muere y la colonia desaparece.

[s] En la mosca del vinagre, *Drosophila melanogaster,* el cerebro de la larva contiene cien mil neuronas, y el de la adulta, trescientas mil.

[t] La neurogenética tiene por objetivo el estudio del papel de la genética en el funcionamiento del sistema nervioso. Nació de los trabajos pioneros de Seymour Benzer sobre las moscas drosófilas en la década de 1960. Benzer (1921-2007) se interesó en primer lugar por el vínculo entre los ritmos circadianos y los genes, lo que lo llevó a estudiar otros rasgos de

bargo, paradójicamente, conocemos muy mal el comportamiento de estas moscas en la naturaleza. Antes de los estudios de Étienne y de Guillaume, otros equipos habían subrayado que las drosófilas tienen tendencia a agruparse sobre sus fuentes de alimento preferidas: la fruta un poco pasada cuando empieza a descomponerse. Allí proceden a paradas nupciales muy ritualizadas durante las cuales las hembras al parecer eligen a su macho. Un macho que detecta a una hembra a través de su olor lame las partes genitales de esta, se acerca a ella, formando sus cuerpos un ángulo de 45 grados, le aparta las alas y emite un canto inaudible para nosotros. La hembra puede, si quiere, rechazar al macho, cosa que hace emitiendo otro sonido. Si en cambio lo acepta, le permite montarla para proceder al acoplamiento. Te ahorro los detalles...

Étienne, Guillaume y su equipo han demostrado que, durante estos agrupamientos, las hembras son capaces de establecer una preferencia por un tipo de macho en particular observando la elección de las demás hembras[18]. El experimento consiste en maquillar a los machos mediante polvos de colores. Después de ver cómo una hembra demostradora se empareja con un macho de un color determinado (por ejemplo verde), una mosca observadora presenta una alta probabilidad de acoplarse con un macho del mismo color, en perjuicio del macho competidor (de rosa). Este comportamiento puede mantenerse en una población de moscas durante varias generaciones, transmitiéndose de las más viejas a las más jóvenes, aun cuando no lo siga el conjunto de las hembras de la población. Para demostrarlo, se colocó a una observadora en un dispositivo desde el que podía ver, a través de paredes de cristal, a seis parejas que se formaban y se acoplaban a su alrededor. Un *peep-show,* pero al revés. En la mayoría de los casos, las hembras observadoras imitaban el comportamiento general cuando posteriormente se les daba a elegir entre dos machos, cada uno de un color. Estos machos maquillados de verde gozaron por lo tanto de manera permanente de una cota de popularidad generada

---

comportamiento y trastornos neurológicos con técnicas innovadoras para expresar o inhibir a voluntad determinados genes que codifican proteínas diana o que están implicados en comportamientos de interés.

artificialmente, y ello durante varias generaciones. Al igual que nosotros, las drosófilas siguen pues las tendencias de la moda y a veces son irracionales.

## ¿Una teoría de la mente en miniatura?

La capacidad de los individuos en particular para reconocerse y para recordar las interacciones pasadas con otros favorece la aparición de comportamientos sociales complejos tales como las coaliciones o la reciprocidad. Como seres humanos, tenemos formas de inteligencia sociales elaboradas que nos permiten atribuirnos a nosotros mismos o a otros individuos estados mentales inobservables, como los sentimientos, los deseos o las creencias. Esta capacidad para comprender las intenciones ajenas es fundamental en nuestras interacciones. Es lo que se denomina la «teoría de la mente». En los niños, se pone a prueba planteando el siguiente problema: «Max y su mamá están en la cocina. Guardan el chocolate en la nevera. Max sale jugar con sus amigos. Durante su ausencia, su mamá decide hacer un bizcocho. Saca el chocolate de la nevera, utiliza una parte y guarda el resto en el armario. Cuando Max vuelve a casa, quiere un poco de chocolate. ¿Adónde irá a buscarlo?». Para contestar correctamente que Max irá a buscar el chocolate a la nevera, basándose en la información de que dispone, hay que atribuirle una creencia falsa relativa a la ubicación del chocolate, capacidad que aparece en el ser humano hacia los 4 o 5 años de edad.

A partir de la década de 1970, se descubrió la capacidad que tienen algunos grandes monos, perros y córvidos para atribuir estados afectivos o cognitivos a otros individuos a partir de las expresiones emocionales, actitudes o supuesto conocimiento de la realidad de estos[19]. Hubo consenso sobre el descubrimiento cuando los etólogos comprobaron que unos chimpancés podían mentir o hacer trampas para desviar la atención de otros[20]. En estos animales cuyos grupos se caracterizan por sus jerarquías, algunos individuos ocultan provisionalmente alimentos para que otros individuos dominantes no se los roben. Otros llevan este vicio hasta el extremo de simular la presencia de un predador emitiendo gritos de alarma y esperan a que todos los miembros del grupo se hayan escondido para degustar tranquilamente la comida que así no han tenido que esconder.

Aunque cada vez es más manifiesto que las abejas, así como otros insectos, son capaces de adquirir informaciones a través de la observación de sus congéneres, que yo sepa esta competencia nunca se había investigado en un insecto. La idea misma de hablar de teoría de la mente en estos seres en miniatura se antojaba descabellada. Pero un estudio reciente de Liz Tibbetts y su equipo de la Universidad de Michigan sugiere que no estamos tan lejos de ello[21]. Los investigadores estadounidenses indujeron a algunas avispas *Polistes fuscatus,* capaces de establecer jerarquías a partir del reconocimiento de las máscaras faciales, a visualizar escenas de combate. Cuando a las avispas observadoras se las colocaba luego en presencia de una de las avispas demostradoras para que se pelearan con ella, ajustaban su nivel de agresividad al de la demostradora en el combate observado anteriormente. Las observadoras eran menos agresivas con las avispas a las que habían visto lanzar más ataques y recibir menos, probablemente porque habían evaluado que tenían poca probabilidad de vencerlas. Inversamente, se mostraban muy agresivas frente a adversarias que habían perdido el combate anterior. Este comportamiento no se detectaba cuando el insecto observador se enfrentaba a un congénere al que nunca había visto anteriormente. Esto significa que las avispas son capaces de reconocer a los individuos del grupo, atribuirles un rango social, conservar en su memoria redes de interacciones observadas (quién ha vencido a quién) e inferir de ello sus propias posibilidades de ganar un combate. Pero este experimento todavía no permite, en sí mismo, confirmar la existencia de una teoría de la mente en estos insectos comparable a la establecida para el ser humano y los chimpancés.

En vista de los considerables progresos realizados con respecto a la comprensión de su inteligencia social, es sin embargo muy posible que todavía no hayamos descubierto la teoría de la mente porque no hemos identificado el protocolo adecuado para ponerla a prueba. ¿No deberíamos buscar de nuevo inspiración en la ciencia ficción? Recientemente he vuelto a ver *Starship Troopers* de Paul Verhoeven. En esta película, la humanidad está en guerra contra una especie de extraterrestres muy agresiva denominada los «arácnidos». A pesar de su nombre, estas criaturas no se parecen en nada a las arañas. Son más bien como unos insectos enormes, a juzgar por su cuerpo segmentado y sus seis patas. Su comportamiento también es muy parecido al de las hormigas y las abejas, con una división del trabajo entre obreras, soldados y reinas. Estos extraterrestres tienen una biología compleja, ya que las reinas se alimentan del cerebro de sus presas y controlan a distancia a los demás miembros de la colonia; y cada obrera está al parecer dotada de una inteligencia social elaborada. Basta con ver la facilidad con la que anticipan los movimientos de sus congéneres y de sus presas humanas durante los combates. No cabe duda de que estos insectos sociales procedentes del espacio hacen gala de todas las capacidades asociadas a la teoría de la mente... ¿Y si Verhoeven hubiera acertado al atribuir la teoría de la mente a unos insectos, tal como lo había hecho Del Toro aquel mismo año con respecto al reconocimiento social de los dictiópteros? Es probable que tengamos la respuesta a esta pregunta en un futuro muy próximo.

# 3

## LOS LÍMITES DE LA INTELIGENCIA EN MINIATURA

Nuestro cerebro es fruto de millones de años de evolución. Aunque es voluminoso y eficaz, este órgano heredado de antepasados lejanos tiene unas capacidades limitadas, como sucede con el resto de nuestros órganos, por ejemplo los ojos o los pulmones. Contrariamente a un ordenador que la ingeniería podría mejorar de manera continua con nuevos componentes a medida que progresan las tecnologías, no es posible actualizar nuestros circuitos cerebrales. Desde luego, nuestro cerebro evoluciona, pero lentamente y siguiendo unas limitaciones biológicas y físicas estrictas que no se pueden superar. A pesar de su sofisticación, el cerebro humano no es pues perfecto.

Un cerebro adulto que goce de buena salud incluso puede ser víctima frecuente de trastornos cognitivos más o menos leves. Así, por ejemplo, existen muchas personas, como es mi caso, que nunca saben dónde han dejado las llaves. Pasado el momento de fastidio, acabamos por encontrarlas siguiendo un razonamiento lógico, rebuscando en el fondo de un bolsillo o en el cestillo de las llaves en el recibidor de casa.

A veces estos olvidos resultan más perjudiciales. Hace unos años, incluso me costó un coche. Era la tercera vez que me lo robaban en un período de unos meses (es probable que no lo aparcara en el mejor de los sitios). En aquella ocasión los ladrones me habían birlado el vehículo que mi madre me había prestado para sustituir el mío. Cuando comprendí que el coche ya no estaba en mi domicilio, denuncié el robo a la policía y al seguro, igual que en las ocasiones anteriores. Al cabo de varias semanas, un domingo en el que fui al laboratorio, lo encontré en medio del aparcamiento vacío de la Universidad. Primero pensé que los ladrones habían querido jugarme una mala pasada. Luego comprendí que la que me la había jugado había sido mi memoria episódica, la que nos permite asociar acontecimientos a lugares y momentos precisos. No tengo ningún recuerdo de haber aparcado jamás el coche en aquel *parking*. Sin embargo, allí estaba. Por tanto, se puede aparcar el coche como se dejan las llaves, de manera automática, sin prestar atención. Pero cuando algo interfiere con esta rutina, por ejemplo porque ya no hay sitio en el aparcamiento habitual y hay que ir a estacionar el coche a otro lugar, cabe la posibilidad de que olvidemos ese hecho. O, más bien, de que no lo hayamos registrado nunca...

Las abejas también están dotadas de capacidad de aprendizaje y de memoria, gracias a su cerebro. Independientemente del hecho de que este sea minúsculo, presenta numerosas semejanzas con el nuestro. Es probable que nunca hayas visto el cerebro de una abeja. Para que puedas comprender mejor lo que voy a explicar a continuación, te lo voy a describir.

Imagina que estás cara a cara con una abeja y que esta es enorme (este detalle es importante, porque, si no, no verás nada). Estás mirando a la abeja a los ojos, como en un espejo. Si te concentras bien, conseguirás ver más allá de los pelos que le cubren la cabeza (las cerdas), y luego a través de su cutícula (el equivalente de nuestro cráneo). Si sigues concentrándote, la cabeza de la abeja se vuelve completamente transparente. Y deja traslucir su cerebro. Visto de frente, este cerebro se parece a una gran mariposa con las alas desplegadas, y que ocupa todo el volumen de la cabeza. Tienes que imaginar una «mariposa» que presenta unas manchas redondas (los ocelos) en cada una de las alas superiores e inferiores, como la mariposa pavo real[a], que abunda en los jardines en primavera. En el cerebro de la abeja existen por tanto estructuras pares (las alas de la «mariposa») y estructuras impares (el cuerpo de la «mariposa»). Los olores los perciben las antenas de la abe-

---

[a] Mariposa de tamaño medio (5-6 cm de envergadura alar) común en toda Europa y fácilmente identificable gracias a sus ocelos (ojos) vivos sobre un fondo rojo óxido, que recuerdan las plumas del pavo real.

ja y los procesan sus lóbulos olfativos (los ocelos de las alas inferiores). En cuanto a las imágenes, las captan los ojos compuestos de la abeja y luego los analizan los lóbulos visuales (las alas superiores).

Estas estructuras situadas en la periferia del cerebro de la abeja están implicadas en las operaciones mentales básicas, como el aprendizaje de una asociación entre un estímulo y una recompensa. Intercambian informaciones con las demás zonas cerebrales más centrales a través de las neuronas (las nervaduras en las alas de la «mariposa»). Estas se comunican entre sí por medio de las sinapsis, donde se producen reacciones químicas. Un cerebro de abeja contiene aproximadamente un millón de neuronas y mil millones de sinapsis. Algunas neuronas tienen funciones específicas, como la de la recompensa (VUMmx1[b]), que se activa cada vez que la abeja ingiere azúcar[1]. Esta neurona particularmente larga se comunica con la mayoría de las restantes zonas del cerebro. Pero, por lo general, las neuronas se organizan en circuitos más complejos. Así sucede con los que vinculan los lóbulos visuales y olfativos con las zonas centrales del cerebro, que se denominan «cuerpos pedunculados»[c] y parecen dos grandes *Boletus edulis* plantados en medio de su cerebro (los ocelos de las alas superiores de la «mariposa»). Cada una de estas estructuras centrales está constituida por unas ciento setenta mil neuronas que forman un cáliz. Es precisamente en este lugar donde se integran las informaciones visuales y olfativas y donde se producen las formas más elaboradas de aprendizaje.

Al igual que en nuestro cerebro, estas zonas cerebrales especializadas en el tratamiento de la información envían órdenes al resto del cuerpo para generar comportamientos. Estas informaciones transitan por el cuerpo del insecto a través de una serie de ganglios torácicos y abdominales (no los puedes ver por transparencia porque se sitúan por detrás del cerebro que sigues teniendo delante). Es posible alterar estas órdenes utilizando drogas que bloquean o activan determinadas redes neuronales de manera focalizada. Por ejemplo, la inyección de drogas

---

[b] Esta neurona se ha denominado *ventral impaired median neuron of the maxillary neuromere 1* debido a su emplazamiento en el cerebro.

[c] La descripción de los cuerpos pedunculados, inicialmente conocidos en inglés como *mushroom bodies* o «cuerpos champiñón», se debe a Félix Dujardin (1801-1860), biólogo francés.

en la zona del cerebro que trata las informaciones relativas a los movimientos, el complejo central (el tórax de la «mariposa»), puede provocar la parálisis del animal. Este es el mecanismo que algunas avispas parasitoides utilizan para neutralizar a sus presas, manteniéndolas con vida. Inyectan un cóctel neurotóxico en el cerebro de las cucarachas que las convierte en «zombis»[2]. Las cucarachas zombis pueden seguir moviéndose, pero se han vuelto completamente pasivas, de modo que las avispas las arrastran sin dificultad, tirando de sus antenas, hasta el nido, y sobre ellas ponen sus huevos.

Desde hace poco más de un siglo, las investigaciones sobre el comportamiento y el cerebro de las abejas han permitido poner de manifiesto un repertorio cognitivo sorprendentemente rico que hasta entonces no se sospechaba que existiera en los insectos. Lo más inquietante es que, cuanto más se buscan capacidades cognitivas sofisticadas en su cerebro en miniatura, más se encuentran. Hasta el punto de que, hoy en día, nos planteamos la cuestión de los límites de la inteligencia de estas criaturas. Las abejas también tienen una memoria episódica que les permite asociar acontecimientos a determinados lugares y momentos. Son por ejemplo capaces de aprender a forrajear flores artificiales de diferentes colores por la mañana y por la tarde[3]. ¿Pero perderían el coche si tuvieran uno?

## A HOMBROS DE TURNER

El estudio de la inteligencia de los insectos tiene una larga historia. Se suele atribuir la paternidad de estas investigaciones a Karl von Frisch, por sus experimentos con las abejas[d]. Antes que él, algunos naturalistas famosos como Charles Darwin y Jean-Henri Fabre se situaban a la vanguardia de este movimiento al atribuir de manera generosa a los insectos comportamientos inteligentes y capacidades mentales. Sin embargo, sus conclusiones se basaban en la inferencia: observaban los hechos sin demostrarlos realmente mediante experimentos. Otros,

---

[d] Véase el capítulo «Problemas de navegación».

como sir John Lubbock (1834-1913)[e], realizaron experimentos muy creativos pero que a veces carecían del rigor científico necesario para extraer conclusiones válidas. En aquella época, se aspiraba sobre todo a comprender cómo los insectos percibían su mundo, al no disponer de medios para explorar los meandros de su inteligencia. Así, por ejemplo, en 1883, Lubbock realizó experimentos para comprobar si las abejas melíferas eran capaces de comunicarse a través de sonidos[4]. Puso en contacto a dos grupos de abejas situando un auricular de teléfono con un micrófono encima de cada uno de los grupos (contó para ello con la ayuda de su amigo Alexander Graham Bell, el inventor del teléfono). Cuando Lubbock molestaba a las abejas situadas en un extremo de la comunicación, no se observaba ningún efecto en el otro extremo. De ello infirió que las abejas no utilizaban la comunicación acústica. Lamentablemente, Lubbock no prosiguió sus experimentos sometiendo a las abejas a otras frecuencias sonoras ni observándolas en otros contextos. De haberlo hecho, probablemente habría descubierto que la comunicación acústica desempeña un papel fundamental, por ejemplo durante la enjambrazón.

Fue preciso esperar a principios del siglo xx, en los albores de la etología, para que Karl von Frisch describiera la primera serie de experimentos convincentes sobre la cognición de las abejas, mucho antes de que tradujera la danza de estas en la década de 1940. En 1915, Von Frisch demostró que las abejas veían el mundo en colores[5]. Para ello entrenó a unas abejas melíferas para que forrajearan sobre pequeñas plataformas de cartones de colores colocadas sobre una mesa. Los insectos tenían que aprender a asociar un color, por ejemplo el azul, a una gota de agua azucarada depositada con una pipeta sobre el trozo de cartón. Las plataformas de otros colores contenían una gota de agua no azucarada y, por consiguiente, no les resultaban atractivas. Para verificar que las abejas utilizaban efectivamente los colores y no simples

---

[e] Célebre naturalista, prehistoriador, banquero y político británico. Fue su amigo Charles Darwin quien lo introdujo en la experimentación biológica. Sus experimentos sobre el comportamiento de los himenópteros son raros ejemplos de creatividad y fuente de inspiración para numerosos etólogos. Siguiendo la estela de Darwin, los trabajos de Lubbock tenían como objetivo elevar a los insectos a un rango intelectual próximo al del ser humano.

referencias espaciales, Von Frisch solía redistribuir las plataformas sobre la mesa cada vez que una abeja volvía a visitar el dispositivo. De este modo observó que las forrajeadoras que habían encontrado agua azucarada en la plataforma azul tendían a regresar a esa misma plataforma en sus sucesivas visitas, aun cuando esta, entre tanto, se hubiese colocado en otro lugar. También comprobó que las abejas no utilizaban simplemente contrastes de brillo (la intensidad luminosa) para resolver la tarea, y lo hizo ocultando el trozo de cartón azul entre trozos de cartón coloreados con distintos matices de gris. Aunque algunos de estos cartones grises tenían la misma intensidad luminosa que el cartón azul, las abejas nunca se equivocaban: o sea, que veían los colores. A través de este procedimiento, Von Frisch demostró que las abejas eran capaces de discriminar una paleta de colores que iba del violeta al naranja, aunque no distinguían el rojo del gris. Son sensibles a un espectro ligeramente distinto del nuestro, lo que les permite ser muy eficaces a la hora de reconocer las flores de diferentes especies.

Hace pues un poco más de un siglo que se empezó a estudiar la inteligencia de los insectos mediante experimentos científicos rigurosos. Sin embargo, también hay que tener en cuenta la contribución de Charles Turner (1867-1923), otro pionero del estudio de la cognición animal, cuya obra es paradójicamente tan admirable como desconocida[6]. Justo después del movimiento Black Lives Matter[f], que ha tenido una repercusión internacional reciente, la comunidad científica está empeñada en rehabilitar los trabajos injustamente olvidados de Turner, cien años después de su muerte. He aquí por qué.

Turner fue un investigador afroamericano nacido dos años después de la abolición de la esclavitud en Estados Unidos. A finales del siglo XIX y principios del XX, realizó una serie de experimentos revolucionarios sobre la psicología animal que iban a contracorriente de las ideas dominantes de la época, las cuales rechazaban en gran medida las nociones de inteligencia avanzada en cualquier otra especie que no fuera la humana. Así por ejemplo, en 1892, publicó un estudio sobre la

---

[f] Este movimiento político, nacido en 2013 en Estados Unidos en el seno de la comunidad afroamericana militante contra el racismo sistémico ejercido contra las personas negras, tuvo repercusión internacional con las manifestaciones del verano de 2020, tras la muerte de un hombre en un control de la policía.

variabilidad de los comportamientos en la construcción de las telas de araña. Contrariamente a la opinión de que este comportamiento era innato, incluso robótico, Turner puso de manifiesto la existencia de variaciones importantes en la geometría de las telarañas de una misma especie. No todas las arañas seguían rigurosamente el mismo plan de construcción. Esta observación anunciaba anticipadamente el concepto de personalidades[g] animales, que se teorizó a principios de los años 2000 y que hoy en día constituye un ámbito de investigación por derecho propio.

Varios de los estudios de Turner incluso cayeron por completo en el olvido, lo que indujo a ciertos investigadores, entre los que se cuentan algunos de los más ilustres, a reinventar la pólvora. En 1908, Turner describía cómo unas abejas solitarias utilizaban referencias visuales para localizar su nido en el suelo[7]. Observó que bastaba con situar un objeto (una chapa de Coca-Cola) cerca del nido, desplazándolo luego unos centímetros, para inducir a la abeja a buscar la entrada de su nido en el lugar equivocado, donde estaba situado el objeto desplazado, y no donde se encontraba la entrada real del nido. Este experimento se parece mucho al del premio Nobel Nikolaas Tinbergen del que ya te hablé anteriormente[h] y que consiste en rodear el nido de un insecto de piñas y luego en desplazarlas para desencadenar un comportamiento de búsqueda. En la actualidad, el estudio de Tinbergen está reproducido en todos los manuales de etología, mientras que el de Turner, publicado veinte años antes, es prácticamente desconocido.

Del mismo modo, en 1910, Turner afirmaba que las abejas eran capaces de asociar una recompensa de agua azucarada a un estímulo de color[8]. El etólogo había construido flores artificiales (volúmenes de cartón coloreado) que contenían una gota de miel y las había situado en medio de un arbusto para atraer hasta allí a las abejas. Manipulando la forma, el olor y el color de estas flores de cartón, Turner llegó a la misma conclusión que Von Frisch —este también premio Nobel—, cinco años antes: las abejas son capaces de asociar un color a una recompen-

---

[g] Diferencias de comportamiento duraderas en el tiempo entre los individuos. Este concepto se describe con todo detalle en el capítulo «El superorganismo».
[h] Este experimento está descrito en el capítulo «Problemas de navegación».

sa. Lamentablemente, Turner había optado por utilizar flores de color rojo, que las abejas probablemente veían de color gris, y no llevó a cabo el experimento crítico que permitía descartar la posibilidad de que las abejas utilizaran los contrastes (matices de gris) en lugar del color. Por tanto, su demostración estaba incompleta. A pesar de todo, su contribución sigue siendo fundamental y desconocida, pues probablemente se trate del primer estudio que considera el comportamiento forrajero de las abejas en el marco de un aprendizaje asociativo entre estímulos (flores artificiales) y recompensas (miel)[9].

En total, Turner público setenta y un estudios, algunos de ellos en revistas científicas de primer orden. En 1892, es decir, dos años antes de doctorarse, publicó dos artículos en la prestigiosa revista *Science*[i]. De haber vivido en nuestra época, este éxito precoz le habría hecho merecedor de un puesto de investigador permanente en uno de los mejores institutos de investigación del mundo. A finales del siglo XIX, esto no bastó para abrirle las puertas de una universidad estadounidense, ni siquiera de reputación media. Turner desarrolló una carrera de profesor de Ciencias Naturales en un instituto para estudiantes negros y realizó la mayoría de sus experimentos con insectos en su tiempo libre. Cabe fácilmente imaginar hasta dónde habría podido llegar si hubiese gozado de las mismas condiciones de trabajo que sus colegas blancos, en una universidad, con tiempo y medios económicos a su disposición para consagrarse a sus investigaciones, acceso a una biblioteca universitaria, un equipo para ayudarle y una red de estudiantes y de colaboradores que lo dieran a conocer.

Por desgracia, este ejemplo no es un caso aislado y recuerda la reciente rehabilitación de la obra de otro investigador de vanguardia en el ámbito de las ciencias cognitivas, el matemático británico Alan Turing (1912-1954). Antaño condenado por homosexual, a Turing se le considera hoy uno de los investigadores más influyentes de su época por sus trabajos pioneros en informática y sobre inteligencia artificial. Cincuenta y nueve años después de su muerte, incluso la reina de In-

---

[i] Esta publicación semanal estadounidense, fundada en 1880, que recoge artículos de todos los ámbitos científicos, es la revista generalista científica con comité de lectura más vendida y leída en el mundo, por lo que su impacto es enorme.

glaterra lo reconoció como héroe nacional por el papel clave que desempeñó en el desencriptado de las comunicaciones del ejército nazi durante la Segunda Guerra Mundial. Afortunadamente, los tiempos cambian y la diversidad se integra poco a poco en todos los ámbitos de nuestras sociedades, incluidos los laboratorios de investigación. Como lo ponen de manifiesto los ejemplos de Turner en materia de inteligencia animal o de Turing en inteligencia artificial, la diversidad incrementa la riqueza de talentos y es capaz de transformar campos de disciplinas enteros.

## El poder de las flores

Bajo la influencia de estos pioneros de la cognición animal, los estudios sobre la inteligencia de las abejas se han ido multiplicando progresivamente y ponen hoy de manifiesto que estos insectos destacan en una amplia gama de formas de aprendizaje. Así ocurre en particular con el aprendizaje de los olores, que les resulta esencial para comunicarse y para forrajear. Las memorias olfativas de las abejas les permiten reconocerse entre sí[j], pero también orientarse en largas distancias hacia fuentes de alimento abundantes, como las praderas o los árboles en flor, y elegir qué flores visitan una vez que están en el emplazamiento. Las plantas de diferentes especies emiten perfumes distintivos que pueden percibirse a varios metros de distancia. Pero las propias abejas dejan huellas químicas en los pétalos de las flores cada vez que se posan sobre ellos[10]. Estas marcas están compuestas principalmente por hidrocarburos cuticulares (los mismos que constituyen el olor colonial) y se perciben por tanto tan solo a algunos centímetros de distancia. Indican a las abejas que se acercan a una flor si esta ha sido visitada recientemente por otra abeja sin que tengan que posarse sobre ella.

Todos estos olores, ya sean emitidos por flores o por abejas, los captan en primer lugar las antenas y luego los procesan los circuitos neuronales del olfato en el cerebro de estas, lo que les permite aprendizajes y la formación de recuerdos. El estudio de estos aprendizajes se

---

[j] Véase el capítulo «Un perfume de *déjà-vu*».

volvió mucho más fácil cuando, en 1961, Kimihisa Takeda, de la Universidad de Tokio, Japón[11], estableció un sorprendente protocolo de condicionamiento. Se trata de una adaptación a las abejas de los célebres experimentos de Ivan Pavlov (1849-1936), el fisiólogo ruso que recibió el premio Nobel en 1904 por sus estudios sobre la digestión del perro. En su época, Pavlov había observado que presentarle un trozo de alimento (carne) a un perro era suficiente para que este salivara. Para el animal, el trozo de carne constituye un «estímulo no condicionado», es decir, una señal que desencadena sistemáticamente un reflejo de salivación, cualquiera que sea el contexto. Pavlov utilizó este reflejo para comprobar si los perros podían aprender asociaciones entre dos estímulos: un estímulo no condicionado (la carne) y un sonido neutro que no tenía significado particular para el perro. Pavlov empezó a producir un sonido de campana cada vez que le daba la comida al perro y, al cabo de muy poco tiempo, el perro se ponía a salivar en cuanto oía la campana, aunque el investigador ya no le ofreciera la carne. El perro había aprendido la asociación entre la campana y la carne y salivaba por anticipado. Tras este condicionamiento, el sonido se había convertido en un estímulo condicionado, puesto que era capaz de inducir una respuesta, incluso en ausencia del estímulo no condicionado (la carne).

Según este mismo principio, Kimihisa Takeda consiguió condicionar a unas abejas melíferas para que asociaran un olor (el estímulo condicionado) a una recompensa de agua azucarada (el estímulo no condicionado)[12]. Cuando las antenas de una abeja que tiene hambre tocan un agua azucarada, la abeja tiene el reflejo de extender su probóscide para tomar la recompensa. La mera difusión de un olor por las antenas de un insecto no entrenado no induce este reflejo. Sin embargo, si el olor se presenta al mismo tiempo que la recompensa, la abeja forma una asociación que luego permite que el mero olor desencadene la extensión de la probóscide. Al igual que el perro de Pavlov, la abeja de Takeda puede ser condicionada por repetición. Pero, contrariamente al perro, la abeja es un animal poco dócil. Por ello es preciso mantenerla encerrada en un pequeño tubo construido a medida para que no pueda huir o atacar durante el condicionamiento, al tiempo que nos aseguramos de que pueda mover las antenas y desplegar su probóscide. Siempre he sentido admiración por mis colegas que preparan así a sus abejas, introduciéndolas en decenas de tubos sobre sus soportes para luego realizar las pruebas. Sorprendentemente, las abejas se adaptan muy bien, e incluso a veces da la sensación de que las filas de antenas se ponen en guardia mientras esperan a ser testadas.

Este protocolo de condicionamiento puede parecer muy extraño. Pero tiene el mérito de reproducir a demanda el comportamiento de una abeja que se posa sobre una flor y que decide si desplegar o no su probóscide para absorber el néctar, al tiempo que controla de manera muy precisa los olores que esta percibe, el tiempo de exposición a dichos olores, el número de exposiciones y la recompensa recibida. Por tanto, resulta muy útil para explorar las capacidades del cerebro de las abejas. Algunos laboratorios incluso se han especializado en este protocolo y cuentan con dispositivos automatizados que utilizan decenas de cañones de olores conectados con ordenadores para poder realizar en cadena estos experimentos, en los que las abejas van desfilando. Es posible, por ejemplo, conseguir que una abeja aprenda a asociar un olor con una recompensa (hablamos de aprendizaje absoluto). Con un poco más de esfuerzo, se puede conseguir que este mismo animal aprenda que un olor está asociado a una recompensa mientras que otro no lo está (aprendizaje diferencial). Luego se la puede inducir a que aprenda la tarea inversa (inversión de consignas). Inmovilizadas en el tubo, las abejas también son capaces de comprender configuraciones de estímulos, por ejemplo cuando dos olores se asocian individualmente a una recompensa, pero su combinación no (*patterning* negativo), o bien lo contrario (*patterning* positivo).

Una vez adquiridos estos aprendizajes, las abejas conservan en su memoria las informaciones durante más o menos tiempo. Una forrajeadora puede recordar la asociación entre un olor y el agua azucarada durante al menos tres días, aunque solo se la haya expuesto a dicho olor una única vez en su vida[13]. Pero cuanto más se repiten estas exposiciones, más duradero y sólido es el recuerdo. Randolf Menzel y su equipo de la Universidad Libre de Berlín han estudiado dónde y cómo se forman estos recuerdos en el cerebro de la abeja registrando la actividad de las neuronas antes y después de este tipo de aprendizaje[14]. Las abejas son demasiado pequeñas y no son lo suficientemente disciplinadas como para poder someterlas a imagenología de resonancia magnética (IRM), como se haría con un paciente humano y con algunos otros animales grandes. Sin embargo, es posible obtener imágenes de la actividad del cerebro de una abeja inyectándole directamente en la cabeza una pequeña dosis de colorante que reacciona ante la emisión de calcio por parte de las neuronas activas (esta operación es indolora, pues la cutícula que cubre la cabeza no presenta terminaciones nerviosas). La difusión de un olor o su evocación provocan entonces el estímulo de neuronas específicas que producen una mancha en el cerebro por reacción del colorante al calcio. La imagenología cálcica ha permitido poner de manifiesto que los lóbulos antenarios de las abejas están constituidos por masas de neuronas (los glomérulos) que producen una mancha coloreada específica según el olor percibido. Imagina por ejemplo que el olor a menta produzca una mancha en forma de paja y que el olor a etanol produzca una mancha en forma de vaso. Cuando una abeja está expuesta simultáneamente a olores a menta y a etanol, el patrón de activación es la suma de los patrones de activación de cada olor presentado individualmente: un vaso de mojito.

Estos aprendizajes asociativos funcionan muy bien con olores naturales, como determinados compuestos de feromonas o de perfumes de flores, pero también con olores sintéticos que las abejas no tienen oportunidad alguna de encontrar en la naturaleza. Por cierto: algunos investigadores explotan esta capacidad de las abejas para formar recuerdos olfativos específicos y a largo plazo para detectar olores a los cuales nosotros somos insensibles, por ejemplo los del cannabis, las huellas de explosivos o también los olores corporales de los pacientes que padecen COVID-19, pues, al igual que otras enfermedades, la Sars-CoV-2 induce modificaciones metabólicas que producen olores característicos en el paciente. Se puede adiestrar a las abejas como se adiestra a los perros detectores. Afortunadamente, esta práctica está muy poco desarrollada, pues es extremadamente costosa en cuanto al número de abejas. Contrariamente a un perro, una abeja tiene una esperanza de vida de apenas unos días. ¡Imagínate el número de abejas que harían falta para una sola operación de detección!

En los aprendizajes más elaborados, que implican asociaciones con varios estímulos, intervienen zonas cerebrales profundas, como los cuerpos pedunculados. Jean-Marc Devaud y su equipo de mi laboratorio de Toulouse han demostrado que el bloqueo de estas estructuras cerebrales mediante la inyección de una droga (la procaína) impide cualquier aprendizaje que presente ambigüedades, como el *patterning* positivo o negativo[15]. Por tanto, se puede decir que los cuerpos pedunculados de las abejas son el equivalente del hipocampo en los mamíferos, una zona del cerebro conocida por integrar informaciones de diferente naturaleza para formar recuerdos espaciales y episódicos. En las abejas melíferas, estas estructuras van aumentando a lo largo de toda la vida adulta a través del establecimiento de nuevas conexiones neuronales. Se cree que estos cambios en la morfología del cerebro reflejan la necesidad que tienen las abejas de realizar aprendizajes visuales y espaciales cada vez más numerosos y complejos cuando se convierten en forrajeadoras en la etapa final de su vida. Semejante plasticidad cerebral se produce todos los días en nuestro cerebro. Cuando aprendemos cosas nuevas, se forman conexiones neuronales; en cambio, determinadas conexiones que ya no necesitamos desaparecen. Este fenómeno llega a ser flagrante cuando se comparan poblaciones con actividades profesionales muy diferentes. Así, por ejemplo, los taxistas londinenses tienen un hipocampo posterior (la zona especializada en los recuerdos espaciales) mucho más desarrollado que la media porque deben aprender a navegar por centenares de lugares y por tanto crear recuerdos espaciales complejos, cosa que no le ocurre a la mayoría de las personas[16]. Lo mismo sucede cuando se comparan los cuerpos pedunculados de las abejas forrajeadoras con los de las nodrizas que permanecen en la colonia.

## LOS CONCEPTOS Y LA ARITMÉTICA

Las abejas cuentan también con una visión eficaz que les permite orientarse a través de los paisajes y reconocer las flores en las que posarse. Históricamente, estos aprendizajes visuales han sido estudiados aprovechando la tendencia de las forrajeadoras a realizar idas y venidas regulares entre su nido y una fuente de alimento. A las abejas, que en esa situación se someten a testeos solo cuando lo desean, se las puede condicionar para que asocien imágenes (estímulos condicionados) a una recompensa de agua azucarada (estímulo no condicionado). Con ello aprenden que tienen que volar hacia el estímulo para obtener una recompensa. Se trata de un aprendizaje «operante», una forma de condicionamiento que teorizó el psicólogo estadounidense Burrhus Skinner (1904-1990), siguiendo la estela de Pavlov, a raíz de unos experimentos con ratones. Las abejas pueden aprender a diferenciar los olores, los colores o las formas que caracterizan a las flores. Estas asociaciones se adquieren durante varios días, incluso varias semanas, lo que brinda la posibilidad de estudiar manifestaciones más complejas de aprendizaje y de memoria que cuando las abejas están encerradas en tubos en el laboratorio.

En condiciones de vuelo libre, las abejas son capaces de aprender a seguir verdaderas reglas lógicas, como lo hacen algunos primates y aves. Randolf Menzel, de la Universidad Libre de Berlín, Mandyam Srinivasan, a la sazón en la Universidad de Canberra, Australia, y sus respectivos equipos han puesto de manifiesto la capacidad de las abejas melíferas de aprender a dirigirse sistemáticamente hacia estímulos similares a los que perciben en ruta, hecho que equivale a comprender un concepto de semejanza[17]. Los investigadores pusieron a prueba a unas abejas melíferas en un laberinto de dos ramas (en forma de Y) en el que unas imágenes en colores se presentaban a la entrada del laberinto y en el extremo de cada una de las ramas. Para aprender el concepto de semejanza, la abeja tenía que comprender que siempre debía elegir la imagen en los extremos de las ramas que correspondiese a la que se mostraba a la entrada del laberinto, aun cuando esta se sustituyera por una nueva imagen en cada visita al laberinto. Las abejas entrenadas aprendieron efectivamente un concepto, y no meramente a reconocer una imagen, pues eran capaces de generalizar la regla cuando se sustituían las imágenes por olores. Del mismo modo, los investigadores alemanes y australianos comprobaron que las abejas son capaces de comprender el concepto de diferencia, pues eligen sistemáticamente la rama del laberinto que contiene la imagen o el olor que no coinciden con los que se presentan a la entrada.

Otros estudios sugieren que las abejas incluso son capaces de comprender conceptos aritméticos, como si supieran contar. Cuando forrajean, en teoría tienen muchas ocasiones para contar elementos, ya sean los pétalos de las flores sobre las que se posan o las referencias visuales a lo largo de un trayecto. Por supuesto, es poco probable que las abejas sepan leer los números. Sin embargo, da la sensación de que tienen cierta aptitud para estimar y para ordenar las cantidades. Adrian Dyer y su equipo de la Universidad de Melbourne han realizado experimentos que sugieren que las abejas pueden aprender el concepto del cero[18]. Para ello entrenaron a unas abejas melíferas para que estas eligieran entre dos imágenes constituidas por varios símbolos negros sobre un fondo blanco en un laberinto de dos ramas. Recompensando sistemáticamente la rama que contenía el estímulo visual con el menor número de símbolos, los investigadores observaron que las abejas podían extrapolar el concepto de «menor que» hasta llegar a cero cuando la imagen no incluía ningún símbolo (una hoja en blanco).

Lars Chittka y Karl Geiger, en aquel momento en la Universidad Libre de Berlín, exploraron esta capacidad de numerosidad en un contexto más general de navegación, lo que los llevó a emitir una nueva hipótesis, según la cual las abejas pueden contar las referencias visuales para alcanzar una meta[19]. Lars y Karl montaron grandes tiendas de campaña de colores en el trayecto que separaba una colmena de abejas melíferas de una flor artificial. Las tiendas, de 3,5 m de alto, actuaban como referencias visuales para los insectos. Para evitar que otros elementos del entorno interfirieran con el experimento, los precavidos investigadores alemanes se habían situado en una gran campa sin árboles, con una línea de horizonte lo más recta posible. Una vez entrenadas las abejas para recorrer el trayecto entre la colmena y la flor, situada después de la cuarta tienda, Lars y Karl quitaron la flor y fueron modificando el número y la posición de las tiendas a lo largo de la ruta aprendida. Cuando las abejas encontraban más tiendas que en el trayecto anterior entre la colmena y la flor, mostraban una tendencia a detenerse tras haber superado la cuarta tienda, aunque esta estuviera situada antes de la posición habitual de la flor. En cambio, cuando las abejas encontraban menos tiendas que antes, solían seguir volando y, por tanto, superaban la posición habitual de la flor. Esto indica que contaban las referencias visuales para localizar la fuente de alimento, o al menos que tenían cierto sentido de las cantidades.

Estas investigaciones impulsaron numerosos estudios sobre los razonamientos lógicos en los cerebros en miniatura. Uno de los más recientes aborda la capacidad de inferencia transitiva, es decir, la posibilidad de predecir nuevas relaciones entre objetos a partir de relaciones conocidas entre otros objetos. Nosotros lo practicamos todos los días cuando tenemos que clasificar objetos o acontecimientos mediante un juicio de valor. Por ejemplo, si quieres leer un libro sobre insectos y el librero te dice que el libro sobre las abejas es bastante más interesante que el que habla de las hormigas, y que el libro sobre las hormigas es a su vez mejor que el que trata de las orugas, probablemente tenderás a comprar el libro sobre las abejas (de hecho, probablemente es lo que hayas hecho, y espero que no lo lamentes). Mis colegas Julie Bernard y Martin Giurfa de Toulouse han demostrado esta capacidad de inferencia transitiva en las abejas melíferas[20]. En su versión del test de inferencia transitiva, Julie y Martin enseñaron a cada abeja a diferenciar estímulos visuales (imágenes en blanco y negro) en un laberinto con dos ramas según una secuencia muy particular. A la imagen A correspondía una recompensa consistente en agua azucarada, pero a la imagen B no; luego se le asociaba a B una recompensa y a C no; a continuación, a C sí y a D no, y, por último, a D sí pero a E no. Una vez realizados los aprendizajes, Julie y Martin pusieron a prueba la capacidad de las abejas para elegir entre el nuevo par de imágenes B y D. Estas últimas habían visto las imágenes anteriormente, pero nunca al mismo tiempo. En esta nueva situación, la mayoría de las abejas fracasó y no eligió la imagen B, como habría cabido anticipar si hubieran tenido capacidad de inferencia transitiva (pues B es mejor que C, que es mejor que D).

Por el contrario, las avispas *Polistes,* que constituyen jerarquías para decidir quién se reproduce y quién se ocupa de las larvas[k], superaron la prueba[21]. Pero el experimento se había realizado de una manera un poco distinta. Liz Tibbetts y su equipo de la Universidad de Michigan, Estados Unidos, entrenaron a unas avispas para que distinguieran entre cinco estímulos visuales (en esta ocasión, fragmentos de papeles de colores) dentro de una caja con dos compartimentos y una base metá-

---

[k] Véase el capítulo «Un perfume de *déjà vu*».

lica. Cuando la avispa entraba en el compartimento que contenía el color «penalizado», recibía una leve descarga eléctrica al tocar la base. Cada avispa tenía que aprender de este modo a distinguir pares de colores para evitar las descargas eléctricas; luego se la sometía a prueba con un nuevo par constituido por dos colores conocidos pero que nunca había encontrado juntos. Frente a esta nueva elección, todas las avispas eran capaces de elegir el color que no predecía una penalización a partir de relaciones aprendidas entre los colores. Esta diferencia entre las abejas y las avispas sigue a fin de cuentas cierta lógica. Es posible que las abejas no tengan capacidad de inferencia transitiva porque no la necesitan. Cuando forrajean, las abejas se especializan en un tipo de flores, y solo cambian de tipo cuando este se agota en su entorno. Por tanto, la capacidad de inferencia transitiva les resulta inútil. En cambio, las avispas la necesitan para conocer la jerarquía entre individuos dominantes y dominados en las colonias. Porque en esas pequeñas colonias, es fundamental saber con quién te las gastas.

## Los abejorros no siempre están de buen humor

Más allá de tan sorprendentes capacidades de aprendizaje, cada vez son más los estudios que sugieren que los insectos tienen una vida emocional que también es muy rica. ¿Qué sienten las abejas cuando forrajean? ¿Les hace felices salir a explorar el mundo? ¿Temen a las arañas cangrejo?[1] ¿Sienten celos de otras abejas que vuelven con más alimento que ellas al nido? Este aspecto de la cognición de los insectos es mucho más complejo de demostrar que los aprendizajes, porque las abejas no pueden hablarnos de sus sentimientos. Solo tenemos acceso a su comportamiento y, en ocasiones, a mediciones fisiológicas que debemos interpretar aunque no lleguemos nunca a estar seguros de su significado. Por consiguiente, estas investigaciones están ampliamente sometidas a incertidumbre y a debate científico.

---

[1] Grupo de arañas miméticas que practican la caza de aguardo. Se las llama así por sus largos pares de patas delanteras, que les dan un aspecto de crustáceo. Figuran entre los principales predadores de las abejas, a las que les cuesta detectarlas cuando se posan sobre las flores.

Como animales sociales, sabemos perfectamente lo importantes que son las interacciones con los demás para nuestro bienestar. El aislamiento es una fuente de estrés que actúa sobre nuestro humor y nuestra salud. Hace algunos años, me pregunté si los insectos podían también sufrir cuando estaban sometidos a un confinamiento impuesto. Ya sabíamos desde hacía tiempo que, cuando se aísla a una joven cucaracha (una larva) de su grupo durante varios días, esta se desarrolla mucho más lentamente y presenta comportamientos sociales alterados en comparación con una cucaracha que vive en un entorno social estable. Con Colette Rivault, mi colega especialista en cucarachas de la Universidad de Rennes, habíamos planteado la hipótesis de que estas alteraciones del desarrollo podrían deberse a una forma de estrés emocional que las cucarachas pudieran sentir en ausencia de contacto físico. ¿Y si las cucarachas también sufrieran depresiones?

Así que me puse a construir un dispositivo para facilitar a demanda contactos sociales a insectos mantenidos en situación de aislamiento: un «acariciador de cucarachas»[22]. En aquella época, los laboratorios no contaban con impresoras 3D. Y si no eras un manitas, tenías que tener imaginación. Mi acariciador de cucarachas era una caja de plástico en la que una escoba se activaba para frotar al insecto cada 30 segundos de modo que simulara el contacto con otra cucaracha. Esta escoba, en realidad una pluma de oca, era accionada mediante una goma elástica de prótesis dental conectada con un motor para bola de espejos mediante un sistema de poleas, todo ello milagrosamente ensamblado mediante masilla adhesiva. Con un centenar de escobas motorizadas de este tipo, comparé la velocidad de desarrollo de las cucarachas aisladas sin pluma con la de otras cucarachas en presencia de una pluma inmóvil y de otras más acariciadas por una pluma que giraba. Al cabo de un mes de observaciones, comprobé que los estímulos sociales artificiales que generaban las plumas de ave en movimiento habían acelerado claramente el desarrollo de las cucarachas hasta presentar niveles comparables con los de las cucarachas controladas que habían permanecido en grupo. Posteriormente demostré que tan sorprendente efecto podía recrearse dejando a una cucaracha en una caja vacía con un montón de objetos móviles. También funciona muy bien encerrando a la cucaracha con cigarras que regularmente le saltan encima. Pobres cucarachas... ¿Pero era aquello suficiente para que se mostrasen menos «depresivas»? Nunca se ha llegado a comprender realmente el conjunto de los procesos que operan en estos experimentos. Es probable que los contactos físicos regulares indujeran reacciones fisiológicas en las cucarachas, como por ejemplo un estímulo de producción de la hormona del crecimiento (hormona juvenil). Pero de lo que no cabe duda es de que este tipo de trabajos inspiró muchos otros.

Así, unos estudios más recientes se han centrado en la difícil cuestión de las emociones en los insectos. Lars Chittka y su equipo de la Universidad Queen Mary han explorado la existencia de emociones positivas y negativas en los abejorros[23]. Debido a su aspecto redondo y peludo, se tiende a pensar que los abejorros son inofensivos. No hacer honor a la verdad en relación con esta creencia común supondría faltar al respeto a mis colegas, cuyo rostro a veces se hincha hasta el doble de su volumen debido a una reacción alérgica provocada por una picadura de estos... Los abejorros pican, y, a diferencia de las abejas melíferas, que pierden el aguijón y mueren después de haber picado, ellos lo conservan. Y eso significa que pueden picar varias veces si se les antoja. Afortunadamente, son muy poco agresivos, y para que te ataquen tienes que empeñarte en ello, por ejemplo metiendo la mano en una colmena (cosa que hacen a menudo mis colegas cuando realizan experimentos...). Al igual que ocurre con las abejas melíferas, son los abejorros hembra los que pican, es decir, las obreras y la reina. Los machos no tienen aguijón, pero son mucho menos numerosos y se parecen mucho a las obreras. Por ello, hay que estar bastante seguro de uno mismo antes de manipular sin guantes a uno de estos insectos.

A partir de la constatación de que los abejorros pueden en ocasiones (aunque pocas veces) enfadarse, Clint Perry y Lars Chittka utilizaron un protocolo de psicología experimental para explorar la existencia de emociones en estos insectos[24]. En este ensayo de «sesgo de juicios», los abejorros tenían acceso a un pequeño dispositivo de madera conectado con el nido a través de un tubo. El dispositivo estaba cubierto con una tapa de plexiglás transparente para que los investigadores pudieran observar a los abejorros sin que estos se escaparan. En él, los abejorros debían aprender que una plataforma de color azul fijada a uno de los laterales del dispositivo estaba asociada a una recompensa de agua azucarada, mientras que otra plataforma de color verde no proporcionaba ninguna recompensa. Una vez entrenados a distinguir los colores, a los abejorros se les presentaba una plataforma de color intermedio, ni azul ni verde, sino turquesa. El tiempo que tardaban los insectos en visitar este estímulo ambiguo dependía de lo que hubiera sucedido inmediatamente antes de la prueba. Cuando Clint y Lars suministraban una gota de agua azucarada por sorpresa a los abejorros justo antes de soltarlos en el recinto, estos se precipitaban hacia la plataforma turquesa, identificándola por lo tanto como de color azul. Estos abejorros se comportaban como si fueran optimistas: veían el vaso medio lleno. En cambio, otros abejorros que habían recibido una ligera presión en el cuerpo mediante una pinza (simulando lo que haría una araña cangrejo) tardaban mucho más en ir a visitar la plataforma turquesa, que interpretaban más bien como de color verde. Estos abejorros se comportaban de manera pesimista y veían el vaso medio vacío.

Otro indicio de los estados emocionales variables en los insectos procede de la utilización por parte de algunos de ellos de sustancias psicotrópicas que actúan sobre su sistema nervioso, algo parecido a lo que podríamos hacer cuando pasamos por momentos difíciles. Las plantas y los hongos producen naturalmente sustancias anestésicas, supresoras del apetito, depresivas y alucinógenas. Estos compuestos les permiten defenderse contra los herbívoros. Pero no rechazan a todo el mundo. Así por ejemplo, los abejorros prefieren forrajear las flores cuyo néctar contiene bajas dosis de nicotina frente a aquellas que no contienen ninguna[25]. Al parecer, la nicotina favorece incluso determinados aprendizajes, como la capacidad de distinguir flores de colores diferentes, de modo que producir néctar rico en nicotina puede considerarse una estrategia de manipulación por parte de la planta para fidelizar a los abejorros.

El alcohol también está ampliamente presente en la naturaleza en forma de fruta fermentada. Galit Shohat-Ophir y sus colegas de la Universidad Bar Ilan de Israel han descubierto que las moscas drosófilas se dan a la bebida cuando están estresadas[26], probablemente para olvidar su condición... En estas moscas, el acoplamiento estimula el circuito de la recompensa en el cerebro, mientras que una privación sexual lo inhibe. Para verificar el efecto de estas señales cerebrales en el comportamiento de las moscas, Galit creó dos grupos de machos. Los machos del primer grupo podían acoplarse con numerosas hembras vírgenes durante varias horas. Los del segundo compartían espacio con hembras ya acopladas que rechazaban sistemáticamente sus avances. Cuando posteriormente estos machos podían elegir entre alimento que contuviera o no etanol, solo aquellos privados de acoplamiento se abalanzaban sobre el alcohol. A largo plazo, esta atracción por el etanol podía tener consecuencias no deseables, porque las moscas muestran comportamientos adictivos consumiendo cada vez más alcohol con el paso del tiempo, y no dudan en hacer caso omiso de un estímulo aversivo como la quinina para procurárselo. ¿Ahogan de este modo sus penas? ¿O compensan su frustración? Sea como fuere, al parecer los insectos también tienen sus altibajos.

## Un imaginario en miniatura

¿En qué piensan las abejas cuando fabrican la miel? Esta pregunta, que habría podido hacer el Príncipe de Motordu[m], alude a otra faceta intrigante de la vida secreta de los insectos: la imaginación. Aunque las abejas pueden aprender a reconocer numerosos objetos, por ejemplo una colmena, unas flores o diferentes tipos de referencias visuales, eso no significa necesariamente que sean capaces de construirse una imagen mental de ellos. Para testarlo, Cwyn Solvi y sus colegas de la Universidad Queen Mary de Londres se preguntaron si los insectos podían aprender a reconocer objetos con la vista y a distinguirlos al tacto[27]. Los investigadores presentaron a unos abejorros unas flores artificiales que eran o bien cúbicas o esféricas en un dispositivo iluminado. Solo un tipo de aquellas flores contenía una recompensa de agua azucarada. Para asegurarse de que el aprendizaje fuera únicamente visual, las flores estaban situadas bajo una lámina de plexiglás transparente, de modo que los abejorros no podían tocarlas. Cuando a estos se les dejaba después a oscuras, eran capaces de distinguir los cubos de las esferas únicamente al tacto. El experimento inverso de un aprendizaje a

---

[m] Título de una serie de relatos de literatura infantil ilustrados por Pef, creada en la década de 1980.

oscuras y un test con luz también se ha verificado, y sugiere con mucha probabilidad que los abejorros desarrollan una representación mental de la forma del objeto que encuentran, en lugar de limitarse a realizar aprendizajes visuales o táctiles para reconocerlos. Trasladado a nuestra vida cotidiana, esta capacidad de imaginación equivaldría a reconocer mediante el tacto objetos que ya hemos visto anteriormente, como hacemos por ejemplo cuando los buscamos en lo alto de una balda o en el fondo de un bolso. No vemos los objetos, pero los reconocemos gracias a una representación mental que combina las informaciones táctiles, visuales y auditivas. Más allá de los objetos, Martin Egelhaaf y su equipo de la Universidad de Bielefeld, Alemania, estudiaron la capacidad de los abejorros para formarse una representación mental de su propio cuerpo[28]. Los abejorros de una misma colonia varían enormemente de tamaño. La reina puede ser hasta diez veces más grande que las obreras más pequeñas. Estas diferencias morfológicas dependen de la posición de las celdas en las que las larvas se han desarrollado en el nido. Cuanto más cerca se hallan las larvas del centro del nido, más alimento reciben por parte de las obreras y más alta es la temperatura a la que se encuentran, ya que el nido es compacto y atrae a un mayor número de individuos a esa zona. Estas larvas generan adultos de mayor tamaño que las que eclosionan en la periferia del nido. Los investigadores alemanes se preguntaron cómo gestionaban los abejorros estas variaciones de tamaño cuando tenían que pasar por pequeños orificios, por ejemplo para colarse entre una vegetación densa para regresar al nido. Trasladado a nuestra escala, el problema consiste en valorar si uno es lo suficientemente delgado como para pasar en línea recta a través de una puerta o tiene que ponerse de costado. En el ser humano, esto es el resultado de un largo aprendizaje. Para probar si los insectos eran capaces de ello, Martin Egelhaaf y su equipo obligaron a abejorros de distintos tamaños a atravesar un orificio practicado en una pared para regresar a su nido y filmaron el vuelo de los abejorros con unas cámaras de altísima resolución. Los vídeos, reproducidos a cámara lenta, desvelaron el misterio: cuando la envergadura de las alas de los abejorros era menor que el diámetro del orificio, estos pasaban por el centro. Pero cuando la envergadura de las alas era mayor que el orificio, los abejorros volaban espontáneamente de lado para evitar la colisión. Antes de atravesar el agujero, lo examinaban con detalle, de derecha a izquierda, para evaluar su dimensión y la probabilidad que tenían de tocar los bordes. Es decir, que los abejorros tienen una representación mental de la forma y el tamaño de su cuerpo. No sabemos exactamente cómo se produce esta; una posibilidad sería que adquirieran estas informaciones cuando caminan, por ejemplo cuando se encuentran en su nido subterráneo, pues la longitud de los pasos que dan guarda correlación con la de su cuerpo.

Otra faceta de la imaginación consiste en anticipar las consecuencias de nuestros actos, es decir, ser capaces de planificar. Antes de tomar una decisión, normalmente tratamos de valorar la probabilidad que tenemos de realizar la mejor elección. Esta capacidad para controlar nuestros propios procesos cognitivos se denomina «metacognición». Clint Perry y Andrew Barron, de la Universidad de Macquarie, Australia, han explorado la posibilidad de que los insectos sean capaces de metacognición sometiéndolos a situaciones ambiguas[29]. Estos investigadores entrenaron a unas abejas melíferas en un laberinto de dos ramas en el que un estímulo visual (una forma coloreada) se veía recompensado con agua azucarada si estaba situado por encima de una raya negra. En cambio, si la forma coloreada se encontraba por debajo de la raya, era penalizada con agua que contenía quinina. Tras haber entrenado a unas abejas en este concepto utilizando diferentes formas, tamaños y colores de estímulos visuales, Clint y Andrew les presentaron estímulos ambiguos en los que las formas ya no se encontraban de manera clara ni por encima ni por debajo de la raya, sino que más o menos se superponían a esta. Cuanto más difícil de resolver era la tarea (porque los estímulos no se podían interpretar de manera clara), con mayor frecuencia salían las abejas espontáneamente del laberinto sin haber realizado ninguna elección para no correr el riesgo de equivocarse. Esto sugiere que eran capaces de calcular su grado de incertidumbre en la resolución de un problema y, por tanto, demostraban con ello su metacognición.

Las abejas utilizan probablemente formas todavía más elaboradas de planificación en su vida cotidiana. En particular, las abejas melíferas tienen fama de construir nidos de cera, polen y propóleo siguiendo un esquema extremadamente regular. En una colmena moderna con marcos de cera, la parte visible de cada una de las celdillas es un hexágono regular de 3 mm de lado, 11,5 mm de profundidad y 0,05 mm de espesor. Cada celdilla está adosada a otras tres por medio de una superficie formada por tres rombos sobre un plano que presenta una inclinación de 7 a 8 grados hacia arriba para evitar que la miel salga de las celdillas. Esta estructura garantiza una solidez máxima con una cantidad mínima de material; su perfección arquitectónica ya suscitó la admiración de Aristóteles trescientos años antes de nuestra era, y después de él, la de muchos matemáticos y físicos: da la impresión de que es fruto de un comportamiento innato que no deja lugar a la improvisación. Sin embargo, en estado salvaje, las colonias de abejas melíferas ocupan refugios naturales de volúmenes y formas ampliamente irregulares, tales como cavidades en los troncos de los árboles, que pueden incidir en gran medida en la construcción del nido. Para comprobarlo, Kirstin Petersen y su equipo de la Universidad de Cornell, Estados Unidos, analizaron las características de más de doce mil celdillas construidas por abejas en diferentes tipos de colmenas y de refugios naturales[30]. A través de este análisis detallado de la arquitectura de los nidos, los investigadores estadounidenses descubrieron que las obreras adaptan su comportamiento de construcción a las limitaciones geométricas del espacio, con unas celdillas a veces más anchas, con formas más irregulares e inclinaciones variables de las paredes. Se ha sugerido que la diversidad de las celdillas analizadas pudiera ser fruto de una imagen mental de la construcción que desea realizar la abeja que inicia la fabricación de la celdilla[31]. De este modo, esta sería capaz de percibir la geometría existente y decidir si construye un hexágono irregular o un pentágono o un heptágono adaptados, con el fin de garantizar la solidez del edificio. Esta arquitectura al parecer permite a las abejas en particular alternar entre la construcción de celdillas para obreras y de otras para machos y para reinas, que son mucho más grandes y protuberantes.

························································································

## LA CONSCIENCIA Y LA TENTACIÓN DEL ANTROPOMORFISMO

El 6 de agosto de 1882, sir John Lubbock llevó a cabo un experimento para comparar «la afición al trabajo» de las avispas y de las abejas. Observó cómo una avispa y una abeja recolectaban miel sobre una mesa durante un día entero[32]. La avispa realizó ciento dieciséis visitas entre las 04:00 h de la madrugada y las 20:00 h de la tarde, mientras que la abeja solo realizó veintinueve. Lubbock concluyó que las avispas eran más trabajadoras que las abejas. Este ejemplo de otra época ilustra los peligros de la investigación sobre cognición animal. En primer lugar, en este experimento Lubbock ha formulado su planteamiento a partir de unas preocupaciones puramente humanas. ¿Qué significa la afición al trabajo para un insecto? ¿Recolectar miel para alimentar a sus larvas es realmente comparable a un trabajo tal como lo entendemos nosotros? En segundo lugar, Lubbock concluye que las avispas son más trabajadoras sin siquiera tratar de descartar otras hipótesis que podrían explicar este resultado. ¿Y si Lubbock hubiera dado por casualidad con una avispa particularmente veterana y con una abeja novata que todavía estaba aprendiendo a forrajear? ¿Las colonias de avispas y de abejas tienen necesidades comparables de alimento? ¿O acaso las avispas son simplemente más tolerantes a las temperaturas frescas de la mañana y de la tarde que las abejas, lo cual les permite forrajear durante más tiempo?

Hace varias décadas que las investigaciones en materia de etología amplían regularmente las fronteras de los conocimientos sobre la inteligencia animal. En el caso de los insectos, estas investigaciones son más recientes y los límites de esta inteligencia son potencialmente mucho más remotos de lo que se cree. Pero, del mismo modo que no podemos sacar conclusiones acerca de si las avispas son más trabajadoras que las abejas a partir del experimento de Lubbock, numerosas interpretaciones de estos experimentos no han quedado zanjadas porque dichas investigaciones parten a menudo de hipótesis y de protocolos construidos a partir de la psicología humana. Como seres humanos, somos capaces de resolver tareas cognitivas que consideramos complejas y queremos comprobar si los demás animales también son capaces de llevarlas a cabo adaptando los protocolos a las diferentes especies. ¿Pero tiene algún sentido la pregunta? *A priori* no parece demasiado interesante descubrir si los abejorros saben hacer sudokus, salvo que algunas observaciones sugirieran que la capacidad para manejar la lógica de los números les resultara útil para su vida cotidiana, para forrajear, para interactuar socialmente o para construir su nido. La tentación del antropomorfismo es pues enorme, y numerosos conceptos, como la capacidad de contar, la empatía, la utilización de herramientas y la metacognición, por no citar más que estos, todavía están sujetos en gran medida a debate, pues requieren que se excluyan rigurosamente todas las hipótesis alternativas.

Estos debates, que a veces se dan dentro de un mismo laboratorio, recurren a prácticas y a posicionamientos filosóficos de los investigadores que pueden ser diferentes. Es esta confrontación de ideas, es decir, el principio mismo de la investigación científica, la que estimula la experimentación en distintas direcciones y contribuye a una mejor comprensión de los fenómenos estudiados. A veces el debate conduce a matizar las proezas que se atribuyen a los insectos planteando explicaciones más parsimoniosas[n]. Así, por ejemplo, el análisis detallado de las trayectorias de vuelo de las abejas que están aprendiendo el concepto «por encima de» en un laberinto de dos ramas pone de manifiesto que una parte de las abejas nunca mira el estímulo visual en su totalidad (las formas que hay por encima y por debajo de la raya), sino que utiliza solo una parte de este. Visitando siempre la parte más baja del estímulo, es posible resolver la tarea sin aprender el concepto: la abeja puede comportarse como si hubiera resuelto el concepto «por debajo de» visitando sistemáticamente la rama del laberinto en la que hay un estímulo por debajo de la raya, independientemente de que haya o no algo por encima de ella[33]. En otras ocasiones, el debate suscita un nivel de sofisticación intelectual todavía más elevado. Tratando de comprender los mecanismos de aprendizaje social en los abejorros, se ha descubierto que los individuos observadores eran capaces de copiar a sus congéneres, pero también de mejorar los comportamientos observados[34]. La clave de toda la psicología comparada radica en plantear las preguntas adecuadas y en encontrar los protocolos adaptados para descartar lo más posible las hipótesis alternativas.

La cuestión más debatida en la actualidad es la de la existencia de una consciencia en los insectos. En el ser humano, se suele utilizar el término de «consciencia» para designar el estado de vigilia que nos permite cerrar los ojos e imaginarnos el lugar de nuestra infancia, o

---

[n] En psicología, fue Lloyd Morgan quien plasmó en 1903 el principio de parsimonia: si unas facultades psíquicas más simples permiten explicar una acción, esta explicación debe preferirse frente a aquella que implique capacidades psíquicas más avanzadas. Este principio se conoce con el nombre de «canon de Morgan».

planificar cosas, predecir otras o valorar el riesgo de cruzar de un salto un arroyo de una determinada anchura. Esta consciencia nos permite resolver problemas pensando en lugar de basarnos en un planteamiento de ensayo-error. El debate es complejo, porque la consciencia resulta difícil de evidenciar mediante experimentos. No es posible conseguir una prueba sólida de la existencia de una consciencia en otro ser distinto de uno mismo, aunque se trate de un ser humano. Todavía es más difícil proponérnoslo con animales que no pueden hablarnos de sus vivencias. Aun cuando estos al parecer se comporten como seres humanos cuando se les coloca en situaciones parecidas, no tenemos nunca una garantía de que sientan las mismas experiencias subjetivas.

A pesar de la ausencia de prueba directa de que la consciencia existe en los insectos, estos presentan capacidades cognitivas que *a priori* requieren una consciencia. En efecto, si la consciencia es fruto de la evolución, es muy probable que les resulte muy útil a gran parte de los animales que comparten con nosotros la necesidad de desplazarse, de explorar el entorno, de recordar cosas, de predecir el futuro y de enfrentarse a situaciones inesperadas, aun bajo una forma rudimentaria.

Varios fenómenos comentados en este capítulo evocan manifestaciones de una consciencia. Así ocurre por ejemplo con la capacidad de reconocerse como una entidad distinta, o con la de planificar, la de recordar acontecimientos específicos y la de adoptar el punto de vista de otros individuos[35]. Las abejas melíferas tienen una representación interna del espacio y del tiempo que nosotros podemos observar a través de su comunicación simbólica mediante la danza en forma de ocho. Esta danza se ha observado incluso por la noche, cosa que sugiere que las abejas hacen referencia a sus recuerdos espaciales fuera de contexto. Al parecer, los abejorros construyen imágenes mentales de los objetos, lo que les permite reconocerlos en la oscuridad. También tienen un conocimiento del tamaño de su propio cuerpo para anticipar las trayectorias a través de los obstáculos, hecho que sugiere una consciencia de sí mismos. Las abejas melíferas son al parecer capaces de planificar la construcción de las celdillas del nido adaptándola a las limitaciones físicas del espacio disponible y tienden a renunciar a una tarea cuando los riesgos de equivocarse son demasiado elevados. Esto nos sugiere que son capaces de valorar las consecuencias de sus actos. Los abejorros muestran sesgos de juicio asociados a estados emocionales. El análisis de la actividad del cerebro de las moscas subraya la existencia de señales de atención. Por la noche, su cerebro se comporta como el nuestro durante las fases de sueño profundo y de ensoñación[36]. El biólogo Andrew Barron de la Universidad Maquaire de Sídney y el filósofo Colin Klein de la Universidad Nacional australiana de Canberra han propuesto que la capacidad de los insectos para conocer su posición en el entorno con el fin de orientarse era una prueba suficiente de experiencia subjetiva, es decir, una de las manifestaciones más básicas de la consciencia[37]. Según su razonamiento, esta consciencia incluso podría situarse en una zona del cerebro muy precisa: el complejo central (equivalente a nuestro mesencéfalo). Esta estructura, que participa en la navegación, procesa las informaciones procedentes del cuerpo y del mundo exterior y es probable que permita a los insectos construirse una representación del mundo suficiente para la experiencia subjetiva.

Si aplicamos los mismos criterios comportamentales y cognitivos a los insectos que a los vertebrados, aquellos pueden considerarse como conscientes, con un grado de certeza no menor que los perros o los gatos. Sin embargo, ¿hemos de considerar que toda forma de inteligencia debe ir acompañada de una consciencia? Con el desarrollo de la inteligencia artificial, se ha conseguido la automatización de tareas cognitivas como el reconocimiento facial, la simulación de conversaciones, la resolución de teoremas matemáticos y la creación artística. Aun así, no hay razón para pensar que la consciencia deba aparecer en los programas de inteligencia artificial. Si fuéramos capaces de generar robots conscientes que pudieran reproducirse y evolucionar, y si los dejáramos en condiciones de competir, no es seguro que unos robots que hubieran desarrollado una experiencia subjetiva, emociones y la capacidad de predecir los resultados de sus comportamientos acabaran imponiéndose a otros robots preconfigurados sin consciencia. En los animales, probablemente la consciencia haya favorecido el surgimiento de todas estas capacidades cognitivas para hacer frente a las restricciones de un cerebro biológico, limitado por las informaciones que es capaz de procesar y de memorizar. El resultado más probable es que jamás podremos producir un robot vivo sin haber descubierto y replicado las bases neuronales de la consciencia en nuestros propios cerebros.

# 4

## EL SUPERORGANISMO

A veces la investigación se parece a las reuniones por videollamada: no funciona, ¡aunque debería funcionar! Simon Klein, mi primer estudiante de tesis, lo sufrió en carne propia. Su hipótesis era que, si la inteligencia de los insectos era realmente un fenómeno comparable a nuestra inteligencia, se debía poder observar una gran variabilidad de capacidades de aprendizaje y de memoria entre los insectos de una misma especie. Todos conocemos a personas cuyas capacidades intelectuales son superiores a las nuestras, al menos en algunos aspectos. Así, por ejemplo, mi compañera de despacho es tremendamente multitarea, mientras que yo soy más monotarea[a]... Como el color de los ojos o la forma de las manos, las capacidades cognitivas varían de manera natural entre los individuos. Los psicólogos valoran esta variabilidad mediante la medición del cociente intelectual. Los biólogos de la evolución lo consideran una fuente de adaptación en la que radica el éxito de la humanidad. En cuanto a los etólogos, se preguntan si los mecanismos que producen estos fenómenos son los mismos en todo el reino animal. ¿Se puede aplicar la misma lógica a los insectos?

Simon me había hablado de un estudio de Gene Robinson y su equipo de la Universidad de Illinois, Estados Unidos, que acababa de poner de manifiesto que, en las colonias de abejas melíferas, solamen-

---

[a] Las malas lenguas dirán que, por lo que respecta a mi compañero de despacho, ese es semitarea.

te un puñado de forrajeadoras conseguía más del 50 % de la cosecha de alimento, mientras que la mayoría daba la sensación de no hacer nunca nada, o casi nada[1]. La prensa no especializada había transmitido la información sugiriendo la existencia de forrajeadoras hiperactivas y de otras por el contrario perezosas. ¿Podía tratarse sencillamente de abejas con diferentes aptitudes para reconocer las flores y orientarse?

Decidimos comprobar la existencia de estas «superforrajeadoras» en los abejorros y de investigar su origen. Como era invierno, tuvimos que encontrar una sala en la que poner a volar a los insectos. Un antiguo laboratorio de biología molecular iba a ser la solución. Una vez vaciado, tapamos las ventanas para impedir que entrara la luz, instalamos lámparas de alta frecuencia para evitar que los insectos vieran estroboscópicamente y se golpearan contra las paredes[b], añadimos un sistema de calefacción, construimos una esclusa de aire con una mosquitera para impedir que los insectos se escaparan y repintamos las paredes de blanco para crear un entorno lo más homogéneo posible. Simon también dedicó mucho tiempo a construir flores artificiales equipadas con un lector de microchips de radio que hacían las veces de códigos de barras digitales[c]. Aquel sistema le permitiría reconocer a los abejorros automáticamente cada vez que pasaran por encima de las flores. Por último, Simon había reciclado grandes objetos de cartón en forma de cubos, cilindros y pirámides para que sirvieran de referencias visuales. La idea era comparar la capacidad de los abejorros para crear rutas de forrajeo en diferentes entornos que se les irían presentando sucesivamente. Imagínate que te encierran en un inmenso hangar sin ventanas y que te piden que encuentres el camino más corto para recoger cinco objetos escondidos. Las referencias visuales colocadas en la sala son los únicos indicios que te permiten situarte y aprenderte el ca-

---

[b] La resolución temporal del ojo de una abeja es de 100 Hz, es decir, aproximadamente dos veces mayor que la nuestra. Por tanto, en teoría una abeja puede ver desfilar la sucesión de imágenes estáticas de las películas proyectadas a veinticuatro imágenes por segundo y el parpadeo de los tubos de neón estándar de 50 Hz, ambos invisibles para nuestros ojos.

[c] Los chips RFID *(radio frequency identification)* contienen datos que pueden leerse mediante lectores específicos. Esta tecnología se utiliza con frecuencia para almacenar datos personales en las tarjetas de transporte, los pasaportes o los códigos de barra en el caso de los objetos. Resulta muy útil en etología para marcar animales individualmente.

mino. Por consiguiente, si alguien cambia la ubicación de estas referencias o introduce otras nuevas mientras tú estás de espaldas, tendrás la impresión de que te has teletransportado a un nuevo entorno y tratarás de aprenderte un nuevo camino. Eso es al menos lo que queríamos hacerles creer a los abejorros.

La víspera del comienzo del experimento, instalamos a tres colonias de abejorros en nuestra sala de vuelo, cuidando de que esta estuviera bien cerrada para que los insectos no se escaparan. También nos encargamos de regular la temperatura a 25 °C y de alimentar abundantemente a las colonias para que pasaran la noche en las mejores condiciones posibles. Por fin íbamos a saber si algunos abejorros eran más inteligentes que otros.

A pesar de todas aquellas precauciones, a la mañana siguiente Simon se encontró con un cementerio. Unas columnas de hormigas habían invadido el laboratorio, alcanzado a cada una de las colonias de abejorros y desaparecida luego por debajo de una de las paredes. Habían decapitado o arrancado las antenas a todos los abejorros, cuidadosamente marcados con chips la víspera, y habían saqueado las reservas de agua azucarada y de polen. Ya te he hablado de las hormigas argentinas invasivas que forman supercolonias sobre varios miles de kilómetros[d]. Resulta que nuestro edificio estaba situado en el territorio de una de esas colonias. En invierno, cuando hace frío y cuando escasea el alimento en el exterior, las hormigas invaden el edificio y explotan la más mínima fuente de alimento disponible mediante un sistema de pistas químicas tremendamente eficaz. Las exploradoras son capaces de reclutar a miles de sus congéneres para dirigirlas hasta cualquier fuente de azúcares, de proteínas o de lípidos en apenas unos minutos. Aquel día, habían dado con nuestras colonias de abejorros... Tras descubrir la escena, subí a mi despacho, situado dos pisos más arriba. También lo habían invadido las hormigas. En este caso, las pistas unían los tiestos de flores que había en los poyetes de las ventanas y en las estanterías. Es decir, que la colonia había encontrado una fuente de agua. Tras aquel trágico episodio, Simon decidió pasar todos sus inviernos en Australia para evitar los problemas con las hormigas. Por este motivo,

---

[d] Véase el capítulo «Un perfume de *déjà-vu*».

pospusimos estos experimentos hasta el verano siguiente; pero volveré más tarde sobre ello.

Las colonias de insectos sociales suelen compararse a menudo con «superorganismos»[2]. No se trata de imaginar a las hormigas vestidas con capa y una braga roja, ni dotadas de superpoderes, sino como una entidad colectiva por derecho propio compuesta por individuos, del mismo modo que nuestro cuerpo está compuesto por células. Este superorganismo tiene un superesqueleto (el nido), un supersistema de regulación de la temperatura (mediante el movimiento de las obreras), unas superreservas energéticas (la miel), un supersistema reproductivo (las reinas), un superestómago (las larvas que reclaman su alimento a las obreras y lo digieren) y un supersistema inmunitario (las obreras que asean las larvas).

Para llevar la metáfora hasta el final, la colonia también cuenta con un supercerebro, dotado de una inteligencia colectiva que es fruto de la acción coordinada de todos sus miembros que se comportan como un solo organismo. Esta inteligencia colectiva permite a las colonias generar comportamientos de grupo cuyo resultado supera con creces el que produce un solo individuo. Piensa por ejemplo en la arquitectura perfecta de los nidos de las abejas melíferas. O en las catedrales de barro de algunas termitas, que pueden alcanzar más de 10 metros de altura y en cuyo interior se desarrolla una red de galerías optimizada en varios pisos, así como un sistema de aire acondicionado, cuando cada termita mide apenas unos milímetros. ¡Se trata de tareas hercúleas a escala humana! En Sudamérica, las hormigas cortadoras de hojas construyen nidos subterráneos que pueden contener más de siete mil cámaras que se extienden sobre una superficie de 150 metros cuadrados y que alcanzan una profundidad de 8 metros[3]. Estos nidos son auténticas megalópolis pobladas por millones de habitantes, que cuentan con autopistas, caminos, jardines y túneles. Entre estas hormigas, las obreras crean inmensas pistas para cortar las hojas de los árboles y almacenarlas en el nido. Utilizan las hojas para alimentar un hongo que ellas cultivan y con el que alimentan a sus larvas, comportamiento que se considera una forma de agricultura. La comunicación química entre estos insectos permite pues coordinar millones de cerebros para alcanzar un objetivo común. En el caso de las hormigas argentinas: diezmar a nuestros abejorros. ¿Cómo habían conseguido las hormigas organizarse tan rápidamente? ¿Quién les daba las órdenes? ¿Era la decisión de una hormiga en particular que ejerce su influencia en la colonia? ¿O acaso procedieron a votar democráticamente?

## Sencillo y complejo

Unos diez años después de que Karl von Frisch descubriera la danza en forma de ocho[e], Martin Lindauer (1918-2008), uno de sus discípulos, reveló el misterio de las decisiones colectivas de los insectos al describir el comportamiento de enjambrazón de las abejas melíferas. A finales de la primavera, cuando los nidos pasan a estar superpoblados, se producen nuevas reinas y las abejas enjambran para fundar una nueva colonia: se trata de la reproducción del superorganismo. Dos tercios aproximadamente de las obreras de la colonia madre se marchan con la antigua reina en busca de un nuevo emplazamiento para nidificar. El tercio restante permanece en el nido original en compañía de la nueva reina. Las abejas que se marchan echan a volar y se reúnen para formar un racimo, a menudo sobre una rama de árbol a una decena de metros de la colmena madre. Durante este proceso de emigración, las abejas están expuestas a los predadores y las obreras están totalmente entregadas a la protección de su reina en el núcleo del enjambre. En general no pican ni se dispersan, lo que permite a los apicultores manipular los enjambres sin guantes, incluso extendérselos sobre el rostro (¡que ya no te intenten impresionar tan fácilmente!).

Observando con atención estos enjambres, Lindauer se dio cuenta de que algunas abejas realizaban también una danza en forma de ocho y que esa comunicación era la clave para decidir el lugar en el que se construiría el nuevo nido[4]. Algunas bailarinas regresaban al enjambre sin alimento y a veces incluso cubiertas de polvo. No eran forrajeadoras, sino exploradoras encargadas de localizar posibles emplazamientos de nidificación para recibir a la colonia. Así pues, cientos de obreras se ponen a buscar cavidades y las evalúan, cada una en función de

---

[e]  Véase el capítulo «Problemas de navegación».

su tamaño, su grado de oscuridad, su aislamiento frente al viento o la protección que ofrecen contra los predadores. Luego, cada exploradora danza para indicar la calidad y la localización del mejor emplazamiento que ha encontrado. Contrariamente a las danzas utilizadas para el forrajeo, estas danzas se llevan a cabo en la superficie del enjambre, haciendo referencia directamente a la posición del sol. Cuanto más repite una abeja una danza, mejor es según ella la calidad del emplazamiento que señala. Es decir, que la danza tiene un efecto amplificador que estimula a las seguidoras a evaluar por sí mismas el emplazamiento en cuestión y a danzar a su vez.

Más recientemente, Tom Seeley[f], profesor de la Universidad de Cornell, divulgador sin parangón y mentor de toda una generación de colegas, retomó estas investigaciones. Pude asistir a uno de sus cursos con ocasión de una conferencia. Alguien le hizo la siguiente pregunta: «¿Cómo se convierte uno en un gran científico?». Se dirigió a la pizarra y simplemente escribió: «Haga usted lo que le apetece hacer». Y luego se marchó... Tom y sus colaboradores en Sheffield, Reino Unido, han descubierto que algunas de estas exploradoras pueden también ejercer un efecto inhibidor en las danzas[5]. En efecto, las abejas que han visitado emplazamientos diferentes del señalado por una bailarina pueden expresar una «señal de *stop*» para disuadir a esta de que siga al estar convencidas de que su propio emplazamiento es mejor. Estas abejas emiten un sonido producido por las vibraciones de sus alas, al tiempo que golpean su cabeza contra la bailarina en cuestión. Cuantos más estímulos negativos de este tipo recibe la bailarina, menos baila, hasta que acaba por detenerse del todo. El efecto inhibidor de la señal de *stop* es esencial para que una mayoría de partidarias de un emplazamiento emerja en el seno de la colonia. Cuando un número crítico de exploradoras comparte la misma opinión y por consiguiente danzan en defensa del mismo emplazamiento, se alcanza un «consenso» y la votación termina inmediatamente. El enjambre echa a volar hacia el emplazamiento que ha atraído al mayor número de bailarinas y que, en mu-

---

[f] Tom Seeley se ha dedicado durante toda su carrera a estudiar las tomas de decisión colectivas de las abejas. Ha publicado varios *best sellers* de divulgación científica, como *The Wisdom of the Hive* (1995), *Honeybee Democracy* (2010) y *The Lives of the Bees* (2019).

chos casos, resulta ser el mejor disponible para recibir a la colonia. En este superorganismo de abejas, el consenso surge pues de las interacciones entre las exploradoras, sin que intervenga una jefa o un plan global para organizar la votación: ninguna abeja visita todos los emplazamientos ni tiene una vista de conjunto para saber cuál es la mejor decisión que puede tomar. Es el equilibrio entre la amplificación positiva de la danza y la amplificación negativa de la señal de *stop* lo que permite una selección colectiva, rápida y eficaz del mejor emplazamiento.

De manera pasmosa, la decisión colectiva adoptada por un enjambre de abejas sigue unas leyes universales de la física y la química que rigen el comportamiento de los átomos, las moléculas, los organismos, las sociedades, las poblaciones, las comunidades, los ecosistemas y, a una escala mucho mayor, el universo. En todos estos sistemas «autoorganizados», los elementos interactúan localmente siguiendo unas reglas sencillas y pueden desembocar en la aparición de fenómenos colectivos complejos cuyo comportamiento resulta difícil de prever. Es lo que viene a llamarse «sistemas complejos». Al igual que un copo de nieve o un mercado financiero, una colonia de insectos es un sistema complejo que funciona según unas interacciones limitadas entre sus elementos (la interacción entre dos abejas exploradoras), unos bucles de retroacción positivos (la danza a favor de un emplazamiento de nidificación) y unos bucles de retroacción negativos (la señal de *stop* hacia una bailarina). Superado un determinado umbral (número crítico de bailarinas), los sistemas pueden cambiar de estado o pasar de una fase inestable (el enjambre está posado sobre una rama a la vista de los predadores) a una fase estable (las abejas echan a volar todas al mismo tiempo hacia un mismo emplazamiento de nidificación).

## La sabiduría del enjambre

Mientras que en matemáticas $2 \times 2 = 4$, esto no siempre ocurre en las sociedades de insectos. Como ya he dicho, en estas las cosas son más complejas. Una de las sorprendentes propiedades de estos superorganismos es que la inteligencia colectiva puede ser superior a la suma de las inteligencias individuales. Es lo que llamamos la «sabiduría del enjambre»[g].

Jean-Louis Deneubourg y sus colegas físicos de la Universidad Libre de Bruselas, Bélgica, han llevado a cabo numerosos experimentos para describir cómo esta sabiduría colectiva puede surgir a partir de comportamientos individuales muy simples en las colonias de hormigas[6]. Siguiendo los planteamientos de Ilya Prigogine (1917-2003), premio Nobel de química por sus trabajos sobre la autoorganización en la termodinámica, Jean-Louis y su equipo demostraron que estos principios universales podían explicar los comportamientos colectivos a lo largo y ancho del reino animal. Estos pioneros del estudio de los comportamientos colectivos se interesaron por ejemplo por el sorprendente fenómeno de la optimización de las pistas de las hormigas. Colocaron colonias de hormigas argentinas en nidos artificiales de escayola que conectaron con una fuente de agua azucarada mediante un puente. El puente estaba constituido por una primera rama que se separaba en otras dos (una corta y otra larga) antes de unirse en una única rama final. Aunque las hormigas no podían estimar la longitud de las ramas centrales antes de recorrerlas, en la mayoría de los casos, pasados tan solo unos minutos, estaban utilizando la rama más corta, y ello con independencia de la dimensión y la configuración que tuviesen las ramas. El uso de programas informáticos desarrollados para simular colonias de hormigas ha puesto de manifiesto que la aparición de estos comportamientos puede explicarse por la utilización de una marca química (feromona) que las hormigas depositaban a su paso sobre el puente y que funcionaba como un bucle de amplificación. Al principio, la probabilidad de las que las hormigas utilizaran cualquiera de las dos ramas, que no estaban marcadas, era idéntica. Pero, a medida que los insectos recorrían el puente, la rama corta quedaba sistemáticamente más marcada por la feromona, porque era mayor el número de hormigas que la habían recorrido en el mismo lapso de tiempo. Esta diferen-

---

[g] En 1906, el matemático británico sir Francis Galton (1822-1911) pidió a más de 800 personas que dieran un valor estimado del peso de un buey en una feria de ganado. Galton descubrió que el valor medio de las estimaciones de todos los participantes se aproximaba más al real que la estimación del ganador y las de los expertos. Denominó a este fenómeno la «sabiduría de las masas».

cia de marcaje químico era suficiente para amplificar la atracción de las hormigas hacia la rama más corta y conducir a una elección colectiva óptima de la colonia sin que ninguna hormiga tuviera consciencia de haberla realizado.

Mediante el mismo procedimiento, las hormigas son capaces de elegir colectivamente las mejores fuentes de alimento disponibles en su entorno[7]. Jean-Louis y sus colegas presentaron esta vez a unas colonias de hormigas negras de los jardines unas fuentes de agua azucarada. En presencia de dos fuentes idénticas, las hormigas seleccionaban una de las dos al azar. Pero cuando las dos fuentes diferían por su concentración de azúcar, las colonias desarrollaban casi sistemáticamente una pista hacia la fuente más concentrada. En estas hormigas, las exploradoras desprenden feromona durante su trayecto de vuelta hacia el nido y modulan la cantidad de marcas químicas en función de la calidad del recurso descubierto. A mayor concentración de una pista, mayor es la tendencia de las hormigas a seguirla, a encontrar el alimento y a reforzar a su vez la pista, lo cual conduce a la selección del mejor recurso disponible.

Takao Sasaki y Steve Pratt de la Universidad del Estado de Arizona, Estados Unidos, han demostrado que esta inteligencia colectiva supera a la inteligencia individual, comparando el comportamiento de colonias de hormigas con el de hormigas aisladas[8]. Los dos investigadores aprovecharon la capacidad de las hormigas *Temnothorax* para tomar decisiones colectivas a la hora de encontrar un nuevo nido. Estas hormigas ocupan pequeños intersticios bajo las rocas. Sus decisiones se parecen mucho a las de las abejas melíferas durante la enjambrazón, con la diferencia de que las hormigas no bailan. Reclutan a las demás hormigas formando binomios (tándems) en los que la hormiga reclutadora lleva sobre sus espaldas a la hormiga reclutada hasta el emplazamiento descubierto. Una vez allí, la reclutadora suelta a la reclutada para que esta juzgue por sí misma la calidad del emplazamiento en función de la luminosidad, el tamaño de la cavidad, el diámetro de la entrada y muchos otros parámetros. Las dos hormigas regresan luego al nido para reclutar a otras, y así sucesivamente. Este reclutamiento produce un bucle de amplificación positiva que conduce a un consenso cuando se alcanza un determinado número de reclutadoras para un mismo emplazamiento. Takao y Steve han demostrado de este modo que a unas hormigas aisladas les costaba más elegir entre cuatro nidos de buena calidad y cuatro nidos de mala calidad que entre tan solo un nido de buena calidad y un nido de mala calidad. Las colonias, por el contrario, son muy eficientes a la hora de elegir un nido de buena calidad en ambos supuestos. Cuando las hormigas estaban aisladas, tenían que estudiar, cada una individualmente, todas las soluciones. En cambio, en las colonias, cada hormiga visitaba de media menos emplazamientos, pero todos los emplazamientos eran visitados globalmente, lo que incrementaba la probabilidad de elegir un buen emplazamiento debido a que la carga mental se repartía entre las exploradoras. No obstante, esta ventaja del grupo tiene sus límites en determinadas condiciones. Takao, Steve y sus colegas lo han puesto de manifiesto comparando la capacidad de las hormigas para distinguir un emplazamiento bueno de otro malo, haciendo variar la diferencia de luminosidad entre dichos emplazamientos[9]. Cuanto más oscuro es el emplazamiento, mejor se considera su calidad. Cuando las diferencias de luminosidad eran pequeñas (dos emplazamientos oscuros), las colonias eran más capaces de elegir el mejor emplazamiento. Pero esta relación se invertía cuando las diferencias de luminosidad eran mayores (un emplazamiento oscuro y otro luminoso). Al parecer, cuando la discriminación resulta fácil, el reclutamiento en binomio puede conducir a una toma de decisión demasiado rápida y forzar a la colonia a una elección precipitada y que no es la óptima.

Contrariamente a lo que a veces se pueda pensar a partir de estos experimentos con abejas y hormigas, no existe un vínculo entre la complejidad de las interacciones sociales y la complejidad de los comportamientos colectivos. Las tomas de decisión colectivas y los fenómenos de sabiduría del enjambre pueden observarse en un gran número de especies, incluidas algunas poco sociales... como las moscas. Viendo trabajar a una colega australiana, que alimentaba a sus drosófilas en botellas de cultivo con sendas fuentes de alimentación idénticas a ambos lados de la botella, me di cuenta de que las moscas tenían tendencia a agruparse en una de las dos fuentes solamente en lugar de repartirse equilibradamente para reducir la competencia. A pesar de la ausencia de reclutamiento mediante una danza o un binomio, las drosófilas realizaban de hecho elecciones colectivas. Por ello llevé a cabo experimentos de «cafetería», en los que una mosca o un grupo de moscas podían elegir entre varias fuentes de alimento de distintas calidades. Había preparado unas dietas que tenían el mismo aspecto visual y el mismo olor, pero en algunas de las cuales había duplicado la proporción de proteínas y de azúcares (cocinar para unas moscas es bastante sencillo, pero hay que respetar adecuadamente las dosis de azúcar, levadura y colorante). Observando cómo las moscas se desplazaban por aquellos autoservicios en miniatura, pude comprobar que los individuos agrupados eran mucho más eficaces que los individuos aislados a la hora de encontrar su fuente de alimento preferida, escondida entre alimentos de menor calidad[10]. Las moscas en grupo tenían la opción sencilla de unirse sin más a otras moscas que ya hubieran elegido una fuente de alimento. Cuanto mejor era la calidad de un alimento, más tiempo pasaba encima una mosca y más tendencia tenía a atraer a las demás. Por consiguiente, es posible observar fenómenos de inteligencia colectiva comparables a los de las abejas y las hormigas en insectos que carecen de reclutamiento y de interacciones sociales sofisticadas.

## DE TODO HAY EN LA VIÑA DEL SEÑOR

La sencillez de los principios de autoorganización que rigen los comportamientos colectivos también puede producir la sensación de que la inteligencia colectiva en las sociedades de insectos surge a partir de interacciones entre individuos idénticos. Sin embargo, todos los grupos animales se caracterizan por un determinado grado de diversidad comportamental, y cada vez más estudios sugieren que esta diversidad es la clave para producir comportamientos de grupo adaptados. La organización de las colonias de insectos se basa en esta diversidad, con una división del trabajo y un sistema de castas entre obreras, cada una especializada en tareas bien definidas. Incluso en el seno de una casta, los individuos pueden presentar importantes diferencias fisiológicas, morfológicas, comportamentales y cognitivas que repercuten en el funcionamiento del grupo. En las abejas melíferas, por ejemplo, las forrajeadoras no son todas igual de sensibles al azúcar. Algunas perciben unas concentraciones muy débiles en el néctar, mientras que otras no detectan más que concentraciones elevadas. Esta heterogeneidad explica la división del trabajo entre las forrajeadoras que tienen un umbral bajo de sensibilidad y se especializan en la recolección del polen y aquellas que tienen un umbral alto y se especializan en la recolección del néctar[11]. En términos más generales, los insectos presentan diferencias de comportamiento estables en el tiempo que se parecen mucho a nuestras personalidades.

A pesar de sus desventuras con las hormigas, Simon Klein acabó por realizar sus experimentos de «teletransportación» para estudiar la navegación de los abejorros[12]. Entre dos inviernos vividos en el hemisferio sur, Simon se dedicó a observar a unos abejorros que forrajeaban en una pradera de flores artificiales que modificaba periódicamente para que estos creyeron que cambiaban de entorno. Los resultados pueden concretarse en el comportamiento de dos abejorros en particular. El abejorro J12[h] (llamémoslo Arnold) era el que más destacaba en la tarea de forrajeo. Al cabo de apenas unos minutos en un nuevo entorno, era capaz de utilizar la ruta óptima para visitar cada una de las flores y regresar al nido. Este mismo abejorro era sistemáticamente el más rápido a la hora de hallar la solución y el más constante en la utilización de la ruta en todos los entornos testados. Inversamente, el abejorro B03 (llamémoslo Willy) era sistemáticamente el más lento en establecer una ruta y el menos constante a la hora de seguirla a lo largo del tiempo. Y ello a pesar de que Arnold y Willy tenían la misma edad, el mismo tamaño, la misma experiencia de forrajeo y procedían de la misma colonia. Tenían rasgos de personalidad diferentes.

Lars Chittka y sus colegas de Alemania y Australia han demostrado que estas diferencias de comportamiento están ligadas a distintas capacidades para la toma de decisiones[13]. Para ello, los investigadores pusieron a prueba la capacidad de los abejorros para diferenciar unas flores artificiales de colores proyectadas sobre una pared. El interés de

---

[h] Para reconocer a los abejorros, se les marca con dorsales que se diferencian por la combinación única de un color y un número. Los apicultores utilizan estas marcas para identificar a las reinas de sus colonias de abejas. El abejorro al que aludo llevaba el dorsal «amarillo 12» [amarillo es *jaune* en francés, y de ahí la «J»]. *(N. de la T.)*

utilizar flores virtuales radicaba en poder controlar con precisión los colores que se les presentaban a los abejorros. En una primera fase, los abejorros debían asociar un color (el azul) a una recompensa de agua azucarada y otro color (el amarillo) a una ausencia de recompensa. Todos los abejorros conseguían aprender esta tarea con mayor o menor eficacia. Algunos de ellos tomaban la decisión muy rápidamente y se equivocaban a menudo, mientras que otros eran mucho más lentos pero casi nunca erraban. Es decir, que los abejorros no son todos iguales a la hora de resolver el compromiso entre velocidad y precipitación. Lars y sus colegas modificaron posteriormente las consecuencias de un error, asociando a uno de los dos colores a un castigo con quinina (sustancia amarga que a los abejorros no les gusta). Con esta nueva condición, los abejorros eran más eficaces a la hora de resolver la tarea. Sin embargo, los individuos rápidos y poco precisos en la primera tarea seguían siéndolo en la segunda, mientras que los individuos lentos y precisos mantenían estas características. Una vez más, nada permitía distinguir *a priori* a los abejorros, a excepción de sus capacidades cognitivas.

Se ha sugerido que esta variabilidad natural de los rasgos de personalidad de las obreras es una ventaja para la colonia que permite a los insectos no poner todos los huevos en la misma cesta. En efecto, estas personalidades constituyen distintas estrategias posibles para hacer frente a situaciones nuevas, como un cambio brusco de las condiciones del entorno. Para una colonia, es importante que pueda contar al mismo tiempo con individuos que exploran mucho y con otros que se centran en la explotación de los recursos conocidos. James Burns, del CNRS[i] de Gif-sur-Yvette, y Adrien Dyer, de la Universidad de Monash en Melbourne, comprobaron esta hipótesis en abejas melíferas[14]. Entrenaron para ello a doce forrajeadoras de la misma colonia para que diferenciaran dos flores artificiales de colores distintos que contenían o agua azucarada o solo agua. El experimento puso de manifiesto que la eficacia del forrajeo era mayor en el caso de las abejas rápidas e imprecisas cuando la proporción de flores con recompensa era alta y, por tan-

---

[i] Siglas del Centre National de la Recherche Scientifique o Centro nacional francés de Investigaciones Científicas (*N. de la T.*).

to, el riesgo de equivocarse era bajo. Inversamente, las abejas lentas y precisas salían favorecidas cuando la proporción de flores con recompensa era baja y, en consecuencia, el riesgo de equivocarse era alto.

En una colonia, la proporción de individuos con diferentes personalidades puede influir en los comportamientos colectivos y definir la personalidad de todo el grupo. Los apicultores conocen perfectamente este fenómeno y la existencia de algunas colonias más agresivas que otras a pesar de un origen genético y condiciones de cría semejantes. También es el caso de las orugas procesionarias, que constituyen colonias en nidos tejidos en ramas de árboles. Estas orugas toman decisiones colectivas para buscar alimento en grupo: avanzan unas detrás de otras gracias a señales táctiles y químicas (y no agarrándose por la cintura como dice la canción...). En estas impresionantes colonias de larvas, algunas orugas son muy activas mientras que otras lo son mucho menos, y la proporción de estos dos tipos de individuos tiene una gran influencia en las decisiones colectivas[15]. Así, las colonias en las que la mayoría de las orugas son activas están mucho menos cohesionadas que aquellas en las que hay una mayoría de orugas inactivas. La menor cohesión es una ventaja cuando a las orugas se les presentan varias fuentes de alimento nutricionalmente desequilibradas aunque complementarias, porque les permite salir del grupo para ir a explotar las diferentes fuentes de alimento y así regular su régimen alimentario. Inversamente, las orugas de las colonias inactivas se concentran en una única fuente de alimento de baja calidad. La coexistencia de estas dos estrategias en las poblaciones naturales probablemente sea una solución evolutiva para mantener la cohesión del grupo, al tiempo que se optimiza la capacidad de las orugas para localizar fuentes de alimento y regular su régimen alimentario.

## Insectos y robots

Los principios de la autoorganización son tan universales que es posible programar unos robots muy sencillos para reproducir los fenómenos de la inteligencia colectiva que se observan en los insectos, por muy complejos que aquellos sean. Michael Krieger, Laurent Keller y sus colegas de la Universidad de Lausana se entretuvieron recreando el comportamiento de forrajeo de las colonias de hormigas mediante enjambres de robots[16]. En estos experimentos, los robots no se parecían en absoluto a hormigas, sino más bien a placas electrónicas sobre ruedas, equipadas con una pila, un motor, sensores de luz para encontrar el nido y un módulo de radio para comunicar con los demás robots. Este diseño de robótica minimalista recuerda en cierta medida el de los etólogos conductistas de principios del siglo xx, que describían los comportamientos animales reduciéndolos a simples respuestas a estímulos externos[j]. En este caso, los robots estaban programados exclusivamente para encontrar unos cilindros de plástico (el alimento) en un dispositivo y llevarlos al punto de origen (el nido). Tenían información sobre las necesidades de su colonia, pero no conocían la ubicación de los puntos de alimento en el dispositivo y cada viaje les costaba una energía que tenían que compensar alimentándose. Finalmente, todos tenían diferentes umbrales de probabilidad de implicarse en esta tarea de forrajeo (personalidades). Con estas colonias de robots, el equipo de investigadores suizos realizó una serie de experimentos como lo habrían hecho con hormigas. Demostraron en particular que los robots eran capaces de autoorganizarse para generar un comportamiento de aprovisionamiento colectivo que permitiera a la colonia hallar respuesta a sus necesidades energéticas. Cuántos más robots había en la colonia, más eficaz resultaba esta cooperación, y la puesta en práctica de un sistema de reclutamiento de robots inexpertos por parte de robots experimentados (el reclutamiento por binomios observado en las hormigas) incrementaba notablemente la eficacia del grupo. Con esto quedaba demostrado que la inteligencia colectiva podía surgir en los grupos de robots no programados para ello.

Tras estos experimentos, otros investigadores han ido poco a poco integrando autómatas en los grupos de insectos para manipular sus decisiones colectivas. Jean-Louis Deneubourg y sus colegas de Bruselas han conseguido que unos grupos de cucarachas eligieran un lugar de

---

[j] A algunos escritores, como John Steinbeck (autor de *De ratones y hombres*), también se les ha tachado de «conductistas» por narrar historias sin entrar en la psicología de sus personajes.

descanso que habrían rechazado en situación normal[17]. He presenciado estos experimentos y el resultado es asombroso. La idea de partida se parece mucho al guion de la película *Metrópolis* de Fritz Lang, en el que un sabio crea un robot de apariencia femenina que exhorta a los obreros a rebelarse contra el amo de la ciudad. Con la salvedad de que Jean-Louis no está loco (del todo). El equipo belga se basó en la tendencia natural de las cucarachas a tomar decisiones colectivas cuando buscan un lugar para juntarse protegido de la luz. El dispositivo experimental consistía en un gran recinto circular con dos discos de plástico rojos suspendidos a 3 cm del suelo que servían de refugio. (Al no ser sensibles al rojo, las cucarachas perciben estos refugios como lugares oscuros.) El dispositivo a cielo abierto estaba rodeado de una valla eléctrica (cosa que nunca cuenta con el beneplácito de los colegas del laboratorio) para evitar que las cucarachas se escaparan. En este dispositivo, los grupos de cucarachas toman decisiones colectivas siguiendo una única regla de amplificación: cuantas más cucarachas hay bajo un refugio, más tiempo se quedan en él. Así, cuando las cucarachas podían elegir entre dos refugios idénticos, elegían uno al azar. Si podían elegir entre un refugio luminoso y un refugio oscuro, elegían el oscuro. Jean-Louis y sus colegas introdujeron robots en los grupos de cucarachas. Los robots también estaban montados sobre ruedas, pero medían unas cinco veces más que cualquier cucaracha. Siguiendo los consejos de Colette Rivault, la directora de mi tesis de la Universidad de Rennes, los robots estaban cubiertos con un filtro impregnado de olor a cucaracha, por lo que estas los percibían como de su misma especie[k]. Cuando los robots eran programados de modo que tuvieran las mismas preferencias de luminosidad que las cucarachas, el grupo mixto elegía el refugio oscuro. Pero cuando eran programados para preferir la luz, los robots perturbaban el proceso de decisión colectiva, y casi siempre conseguían invertir la elección natural de los grupos de cucarachas. Cuatro robots bastaban para convencer a doce cucarachas. Como en toda decisión colectiva, el proceso estaba sometido a cierto grado de incertidumbre y, a veces, aunque pocas, eran las cucarachas las que influían en la decisión de los robots.

---

[k] Véase el capítulo «Un perfume de *déjà-vu*».

A pesar de varios intentos, todavía no existe un robot autónomo capaz de integrarse en un grupo de abejas. Sin embargo, es posible manipular los comportamientos colectivos de las abejas con brazos mecánicos automatizados. Tim Landgraf y su equipo de la Universidad Libre de Berlín han construido un simulador de la danza en forma de ocho, capaz de perturbar la transferencia de información durante la toma de decisiones colectivas de las abejas melíferas[18]. En este caso, se trata de un brazo de acero que agita la punta de un trozo de esponja cubierto de film de plástico, capaz de vibrar para imitar el movimiento de alas que realizan las bailarinas. La «abeja» robótica está impregnada con el olor de la colonia y puede soltar agua azucarada por un tubo muy fino para imitar los intercambios de alimento entre las abejas en el nido. Con este dispositivo, Tim y su equipo han demostrado que las abejas podían seguir a este brazo cuando estaba programado para danzar y fijado a un marco de cera en la colmena. Así, unas abejas entrenadas para visitar una flor artificial en los puntos A y B a un lado y a otro de su colmena podían ser inducidas a visitar un nuevo punto C en el cual no había ninguna flor, siguiendo la danza indicada por el robot abeja.

Más recientemente, Franck Bonnet y sus colegas de la Escuela Politécnica Federal de Lausana han introducido robots en colonias de abejas para hacer que se comuniquen con unos peces[19]. Los investigadores suizos consiguieron esta proeza colocando a unas abejas melíferas en un dispositivo que contenía dos robots inmóviles que producían más o menos calor. Dado que las abejas son gregarias, la atracción por el calor provocaba que eligieran colectivamente al robot más caliente, a la derecha o a la izquierda del dispositivo. En paralelo, Franck y sus colegas situaron unos peces cebra[1] en un acuario circular que contenía unos robots que se desplazaban en el agua entre los peces de verdad. Estos robots influían en la dirección en la que nadaban los peces, ya fuera en el sentido de las agujas del reloj o en sentido contrario. Los investigadores se entretuvieron posteriormente poniendo en comunicación a los robots de los dos sistemas, situados a 680 km unos de otros,

---

[1] El pez cebra, *Danio rerio,* es originario de Asia. Se utiliza mucho en acuariofilia. También es un organismo modelo para la investigación. Es el equivalente entre los peces al ratón entre los mamíferos y a la drosófila entre los insectos.

en Suiza y en Austria, con el fin de que se influyeran mutuamente. El sentido de giro de los robots peces determinaba qué robot abeja iba a producir calor y viceversa. Por ejemplo, si el banco de peces giraba hacia la derecha, incidía en los robots peces, que aumentaban la temperatura del robot abeja de la derecha, atrayendo al grupo de abejas hacia su lado. Recíprocamente, si las abejas elegían el robot de la izquierda, los robots peces tenían tendencia a girar hacia la izquierda con el consiguiente impacto en la rotación del banco de peces. Mediante este juego de influencias mutuas, los investigadores comprobaron que surgía un consenso para ir hacia la izquierda o hacia la derecha en estos dos grupos de animales que sin embargo no tenían ninguna razón para encontrarse en la naturaleza, y todavía menos para comunicarse. Aplicando las reglas de la autoorganización descritas en los insectos, es por tanto posible integrar a robots en grupos de animales y manipular sus comportamientos colectivos. En un futuro cercano, cabe imaginar que los propios robots puedan aprender de los sistemas biológicos y evolucionar entre los animales para integrarse en los grupos. No, si ya te lo decía yo, que no estamos tan lejos de *Metrópolis*…

## ¡Esta elección está amañada!

¿Se pueden sacar lecciones de todos estos comportamientos colectivos? La pregunta no es del todo nueva. Aristóteles y muchos otros científicos, escritores, filósofos y políticos han ido subrayado que probablemente tengamos mucho que aprender de la organización social de los insectos. Lo que en cambio sí que es nuevo es nuestro nivel de comprensión de estos fenómenos. El estudio de las decisiones colectivas de las abejas, las hormigas, las moscas, las orugas y las cucarachas ha permitido resolver el misterio de cómo son capaces de generarse estas inteligencias colectivas siguiendo unas reglas sencillas y universales. Más allá de los insectos, hallamos estos mismos principios, en términos generales, en los bancos de peces, en las bandadas de pájaros, en los rebaños de mamíferos y en las hordas de primates. Durante miles de años, la selección natural ha conformado estas comunidades y su comportamiento para que tomaran las mejores decisiones colectivas posibles. Ahora que comprendemos cómo funcionan estos ingeniosos mecanismos, podemos inspirarnos en ellos para mejorar nuestras propias vidas.

La ingeniería lleva mucho tiempo estudiando el tema para resolver problemas de optimización mediante algoritmos inspirados en el comportamiento de las hormigas[20], como la capacidad de las colonias para encontrar el camino más corto en un laberinto. Esta forma de inteligencia artificial de bajo coste en materia de recursos de cálculo se utiliza mucho para mejorar las redes de transporte y de comunicación. Otros comportamientos, como la división del trabajo entre obreras con distintos umbrales de motivación para implicarse en una determinada tarea, se han utilizado para optimizar la planificación de las tareas de las máquinas en las fábricas. La capacidad de las hormigas para transportar sus larvas y para agruparlas en ordenados cementerios fuera del nido también se ha utilizado para seleccionar información en conjuntos de datos complejos, para detectar informaciones falsas en las redes sociales o para coordinar el funcionamiento de los robots que manipulan paquetes en las naves.

Más recientemente, la biología y la psicología también han empezado a inspirarse en los insectos. Al fin y al cabo, nuestras sociedades también son sistemas complejos y formamos parte de superorganismos en el seno de los cuales dependemos en gran medida unos de otros para alojarnos, alimentarnos y cuidarnos. Nuestras interacciones provocan la emergencia de conductas colectivas difícilmente previsibles, como las elecciones, las normas sociales o las dinámicas de mercado. Por consiguiente, es totalmente pertinente utilizar los principios de la autoorganización para mejorar el funcionamiento de nuestras sociedades. Tomamos decisiones de grupo permanentemente, ya sea a la hora de elegir un restaurante donde cenar o a unos representantes que nos gobiernen. Estas decisiones son fundamentales para nuestro bienestar y para el futuro del planeta pero, lamentablemente, no son perfectas en lo referente a racionalidad, democracia e interés colectivo. En 2012, por ejemplo, François Hollande venció a Nicolas Sarkozy con el 51,62 % de los votos, pero ambos candidatos habrían perdido frente a François Bayrou si este hubiese participado en la segunda vuelta. En 2016, Donald Trump ganó las elecciones presidenciales estadounidenses contra Hillary Clinton gracias a unos votos inducidos por fuentes mediáticas en su mayoría falsas y manipuladoras. Para mejorar estas tomas de decisiones colectivas, Tom Seeley propone que nos inspiremos directamente en las abejas[21]. Durante la enjambrazón, las colonias de abejas melíferas en busca de un nuevo emplazamiento para nidificar muestran que para tomar decisiones colectivas sencillas, eficaces y compartidas son necesarios tres elementos. Para tomar buenas decisiones de grupo, en primer lugar hay que identificar un conjunto de opciones posibles. Las abejas lo hacen gracias a la acción coordinada de varios cientos de exploradoras que visitan emplazamientos diferentes, tal vez porque tienen personalidades diferentes. Multiplicar los esfuerzos aumenta la probabilidad de que una de las opciones identificadas sea de excelente calidad.

Para adoptar una decisión colectiva, es preciso en segundo lugar que la información se comparta entre la población. Si un individuo no hace público su descubrimiento, la información queda inutilizada, hecho que puede conducir a decisiones de grupo menos eficaces. Las abejas utilizan la danza en forma de ocho para indicar la situación de los potenciales emplazamientos de nidificación que han descubierto. Cada abeja es libre de valorar la calidad de un emplazamiento de manera independiente, pero cuantas más veces se considere que ese emplazamiento es bueno, más numerosas serán las exploradoras que lo visiten y que recluten nuevas abejas para él, creando un bucle de amplificación social.

En tercer lugar, para que la decisión colectiva pueda ser racional, es necesario agregar la información y elegir la mejor solución de entre las identificadas. Las abejas lo hacen entablando un debate franco entre las exploradoras que defienden diferentes emplazamientos. Este debate se desarrolla en cierto modo como unas elecciones políticas, en el sentido de que implica a múltiples candidatos (los emplazamientos), ideas opuestas (las danzas), a individuos fieles a determinados candidatos (las exploradoras que defienden un emplazamiento en particular) y a un conjunto de electores indecisos (las exploradoras que todavía no defienden ningún emplazamiento concreto). El resultado de la elección queda fuertemente sesgado a favor del mejor emplazamiento, porque sus defensoras hacen una publicidad más intensa de él y ganan adeptas más rápidamente. Finalmente, se alcanza un acuerdo unánime cuando todas las exploradoras acaban por elegir un único emplazamiento. En este proceso colectivo, cada individuo se forma su propia opinión a partir de su evaluación personal. No se suprimen las opiniones disidentes. Es decir, que el debate es abierto y la decisión final se basa en la superioridad intrínseca del emplazamiento vencedor, evaluado numerosas veces por parte de centenares de individuos. Un modelo sencillo y eficaz de democracia.

Sin embargo, nuestras sociedades cambian a grandísima velocidad, y la aplicabilidad de los principios observados en las colonias de abejas a muy gran escala plantea nuevas cuestiones[22]. En particular, hemos experimentado en muy poco tiempo un cambio de dimensión, al pasar de un sistema de pequeños grupos humanos cazadores-recolectores, que resolvían los problemas locales mediante vocalizaciones y gestos, a un sistema de decisiones globales que afecta a toda la humanidad, que ha de hacer frente a pandemias, al cambio climático, al deterioro de los ecosistemas, al auge de los extremismos, al riesgo de una guerra nuclear y a las desigualdades económicas. Este cambio de escala va acompañado de nuevos modos de comunicación más rápidos y sin filtros, en forma de inmensas redes dispersas conectadas mediante tecnologías digitales. No sabemos exactamente qué impacto tienen estos cambios en las decisiones colectivas, pero los estudios sobre los insectos sociales ponen de manifiesto desde ya que el tamaño del grupo (un grupo o miles de millones de abonados en las redes), el flujo de información (instantáneo o diferido), la calidad de la información (exacta o sin verificar) y el sistema de adquisición de la información (directo o filtrado por unos algoritmos) son parámetros extremadamente importantes para la dinámica y la eficacia de los comportamientos colectivos. Todos estos efectos esenciales para preparar nuestras respuestas colectivas a los desafíos globales todavía se comprenden mal y son poco previsibles. Es algo así como si te pidieran que predijeras si una comunicación por videollamada con unos colegas va a funcionar o no...

# 5

## El «tarso» de Aquiles

Tetis era una diosa. También era una mamá gallina a la que le costó mucho aceptar la idea de un matrimonio con un simple mortal. Estaba tan preocupada por la posible muerte de sus hijos que sacrificó a los seis primeros nada más nacer. Pero tanto insistió su marido que renunció a hacer lo mismo con su último hijo. Para estar segura de que nunca le ocurriría nada malo, Tetis lo sumergió en un río mágico cuyas aguas tenían fama de volver a los hombres invulnerables. Como el bebé no sabía nadar, lo metió en el agua sujetándolo por un pie. El niño iba a ser invencible.

Tetis confió la educación de su hijo a Quirón, un hombre extremadamente erudito con cuerpo de caballo. Quirón le brindó al niño una infancia de ensueño. Le enseñó música, literatura y ciencias, y también a manejar las armas. Por desgracia, al cabo la guerra estalló por culpa de una historia de amor. Cada bando, a una y otra orilla del mar, debía reclutar un ejército lo más fuerte posible para alcanzar la victoria. Un adivino había informado al bando de los griegos de que existía en algún lugar un joven invulnerable y que aquel soldado sería la clave para ganar la guerra. El mismo adivino le había advertido a Tetis unos años antes de la muerte ineludible de su hijo si marchaba al frente. Al anunciarse la guerra, la diosa temió por su hijo e hizo todo lo que pudo para impedir que marchara. Incluso llegó a disfrazarlo de chica. Pero Ulises, un capitán del ejército muy astuto, terminó por encontrar al joven y lo alistó en sus huestes, junto con Patroclo, su mejor amigo.

Tal como estaba previsto, el hijo de Tetis era un combatiente temible. Pero, al cabo de diez años de buenos y leales servicios en las filas del ejército griego, el héroe, que no estaba de acuerdo con la jerarquía de este, decidió abandonarlo. Fue entonces cuando el más temible de los guerreros enemigos, Héctor, asesinó a su amigo Patroclo.

Cuando supo aquella noticia, el hijo de Tetis decidió vengar a su amigo. Se hizo con una nueva armadura y fue abatiendo a todos los soldados que encontró a su paso. Dejó los caminos sembrados de cadáveres. Nada podía detenerlo. Finalmente encontró a Héctor e inmediatamente acabó con su vida. El hombre era sin duda el mayor guerrero de todos los tiempos e iba a conducir a los griegos a la victoria final.

Pero cuando libraba el asalto a la capital enemiga, una flecha mortal lo alcanzó en el pie, en el talón derecho, para ser precisos. La profecía se cumplía. Ese talón que Tetis no había mojado en las aguas del Estigio era su único punto débil. Y aquel hecho no le había pasado inadvertido al dios Apolo, que aprovechó la ocasión para vengarse de la muerte de su hijo Héctor.

Los insectos presentan múltiples semejanzas con Aquiles. ¡Esperemos que su historia termine mejor que la de este! Como Aquiles, son los héroes de muchos cuentos populares. Como Aquiles, dominan en la Tierra. Los fósiles más antiguos datan de hace cuatrocientos millones de años[1], es decir, de mucho antes de la aparición de los dinosaurios. Por consiguiente, los insectos forman parte de los primeros animales que se adaptaron a la vida terrestre. En la actualidad, se encuentran por todas partes, en todos los continentes, en casi todos los climas, y han conquistado tanto el medio terrestre como el acuático. Solo los océanos no han sido colonizados. Con cerca de 1,3 millones de especies descritas, los insectos representan el 85 % de los animales y el 55 % de la biodiversidad global. Se estima que hay 10.000 millones de millardos de insectos en el planeta, lo que representa una biomasa trescientas veces más importante que la de la humanidad entera y cuatro veces mayor que la de todos los animales vertebrados. Solo las hormigas, si las reuniéramos a todas, pesarían lo mismo que la humanidad[2]. Los insectos también son esenciales para el funcionamiento de nuestros ecosistemas. Estos pequeños animales, a menudo herbívoros, constituyen el alimento de muchos otros animales de mayor tamaño. Están en la base de la mayoría de las cadenas tróficas y garantizan un determinado número de funciones ecológicas esenciales para el mantenimiento de la biodiversidad, como la reproducción de las plantas (polinización y dispersión), el reciclaje de la materia orgánica y la depredación, sin las cuales el mundo tal como lo conocemos no existiría.

Al igual que Aquiles, los insectos no son indestructibles. Incluso podríamos decir que son mucho más frágiles de lo que se cree. En la actualidad se estima que más del 40 % de las especies de insectos están en declive y que un tercio está en peligro de extinción[3]. Las abejas se están viendo particularmente afectadas por esta crisis de la biodiversidad, y de hecho existen zonas geográficas enteras privadas de ellas. Tal vez hayas oído hablar de unos campesinos chinos de la región montañosa de Sichuán que polinizan los cultivos a mano tras varias décadas sin abejas. En veinte años, los apicultores europeos y estadounidenses han sufrido una merma anual de sus colonias de abejas domésticas que ha pasado del 10 % al 40 %, e incluso en algunos lugares al 90 %. Las colmenas se vacían: se habla de un «síndrome del colapso de las colonias». Jonathan Chase y su equipo de la Universidad de Halle, Alemania, han analizado datos procedentes de cuarenta y un países que ponen muy claramente de manifiesto que la biomasa mundial de insectos disminuye entre un 1 % y un 3 % anual desde la década de 1920[4]. A este ritmo, todos los insectos podrían desaparecer en un siglo, lo que pondría en peligro tanto los servicios ecológicos que garantizan como el conjunto de la biodiversidad.

¿Cómo sería un mundo sin insectos? Es difícil responder con precisión a esta pregunta. De lo que no cabe duda es de que todos los ecosistemas terrestres tal como los conocemos se verían gravemente afectados y de que la mayoría de nuestros alimentos desaparecerían. Por eso la investigación en las distintas disciplinas de la biología, la ecología y la evolución trata de comprender los motivos de este declive para frenarlo. El estudio de la inteligencia de las abejas y de algunos otros insectos de los que te he hablado en los capítulos anteriores revela que estos animales tienen un punto débil. Ese talón de

Aquiles, o más bien ese «tarso», pues los insectos no tienen talón[a], es su cerebro.

Cada día utilizamos grandes cantidades de productos fitosanitarios para proteger los cultivos, soltamos contaminantes industriales en la naturaleza para producir bienes y energía, destruimos hábitats naturales para construir casas y fábricas e introducimos nuevos parásitos y enfermedades en zonas geográficas en las que no existían. Algunos insectos están más expuestos a estos cócteles de agentes estresantes. Para ellos, como para las abejas, que han desarrollado capacidades cognitivas elaboradas en un cerebro compacto y en miniatura, cada neurona cuenta. La más mínima agresión al sistema nervioso causada por una molécula sintética o por un patógeno puede conducir a malformaciones o disfuncionalidades. Esto puede comprometer el comportamiento normal de una abeja, que ya no podrá aprender, forrajear, interactuar con sus congéneres y alimentar a sus crías[5]. Y este es el motivo por el que es un problema.

## Los daños que causa la nicotina

La utilización a gran escala de los pesticidas a menudo se señala como la principal causa de la merma de los insectos. La ciencia lo confirma.

Los pesticidas son sustancias utilizadas para luchar contra los organismos que arrasan los cultivos, tales como los pulgones y las orugas, que se clasifican como «nocivos». Cuando su objetivo son los insectos, se llaman «insecticidas». La lucha química contra los insectos nocivos dio un giro fundamental con el descubrimiento de una nueva clase de moléculas: los neonicotinoides. El primer insecticida a base de neonicotinoides se comercializó en 1991 con el nombre de Gaucho®, en referencia a los jinetes que guardan las tierras y los rebaños en Sudamérica. Estas moléculas «guardianas de los cultivos» actúan directamente sobre el cerebro de los insectos. Presentan propiedades químicas semejantes a la nicotina, de la que hace tiempo que se sabe que actúa eficazmente contra las poli-

---

[a] La pata de un insecto se compone de varios segmentos: coxa, trocánter, fémur, tibia y tarso (el segmento terminal).

llas y los pulgones. Al igual que la nicotina, los neonicotinoides se fijan en el cerebro de los insectos, en los receptores nicotínicos de la acetilcolina[b], y bloquean el funcionamiento de las neuronas afectadas. En dosis elevadas, estas moléculas provocan la parálisis y la muerte.

Hoy en día, esta clase de insecticidas es la más utilizada en todo el mundo para la protección de los cultivos y el ganado. En 2015, representaban una cuarta parte del volumen de ventas mundiales totales de insecticidas. Existe una decena de neonicotinoides, entre ellos el imidacloprid, la clotianidina y el tiametoxam (acordarse de estos nombres puede resultar útil para las partidas de Scrabble). En la agricultura cerealista moderna, estos insecticidas no solo están presentes por su pulverización en los cultivos sino que, en la mayoría de los casos, también impregnan los granos y se difunden a través de los tejidos de las plantas a medida que estas se desarrollan. Es lo que ocurre con las semillas de cultivos de floración masiva como la colza, el maíz o el girasol. Las abejas forrajeadoras están por tanto expuestas a estas neurotoxinas contenidas en el néctar y en el polen de las plantas contaminadas, y exponen a su vez a todos los demás miembros de la colonia por contacto físico o a través del alimento que almacenan en el nido. Los insectos también están sometidos a inmensas nubes de polvo que contienen estos pesticidas y que se levantan con el paso de la cosechadoras, cuando los cultivos son picados para su recolección, lo que a veces contamina también los acuíferos del entorno. Alertados ante los riesgos de intoxicación, los fabricantes de estos pesticidas se aseguran ahora de que las dosis a las que las abejas queden expuestas sean lo suficientemente bajas para no matarlas. Efectivamente, algunas de estas exposiciones reducidas no matan. Pero, aun con dosis muy bajas, los neonicotinoides pueden causar daños considerables en el cerebro de los insectos, que dejan de ser capaces de resolver los problemas cognitivos necesarios para orientarse correctamente, reconocer las flores que tienen que forrajear, recoger el alimento, transmitirlo a sus congéneres y

---

[b] Estos receptores con neurotransmisores son proteínas insertadas en la membrana de las neuronas a la altura de la conexión entre dos neuronas (sinapsis). El efecto de su activación es variable, pero, con frecuencia, suelen inhibir la liberación de los neurotransmisores, es decir, de moléculas que garantizan la transmisión de la información de una neurona a otra, como la acetilcolina.

comunicarse. En un efecto de bola de nieve, el conjunto de la colonia deja de funcionar y corre el riesgo de colapsar.

Mickaël Henry, Alex Decourtye y sus colegas de la Unidad de Investigación del INRAE[c] de la abeja en Aviñón y del Instituto técnico y científico de la abeja y de la polinización han figurado entre los primeros que dieron la voz de alarma, demostrando estos efectos en las abejas[6]. En 2012, analizaron la capacidad de las abejas melíferas expuestas al tiametoxam (¡92 puntos: la palabra cuenta triple!) de orientarse para regresar a su colmena. Para simular la intoxicación, los investigadores capturaron y luego alimentaron a forrajeadoras con agua azucarada que contenía una débil dosis de pesticida. También aprovecharon para equipar a cada una de estas abejas con un microchip de radiofrecuencia (RFID) que les permitiría reconocerlas individualmente. Mickaël y su equipo soltaron luego a las abejas etiquetadas en un radio de 1 km alrededor de su colmena original, bien en un entorno que las abejas ya conocían, bien en un nuevo emplazamiento. Al cabo de dos días, los lectores de microchips situados a la entrada de la colmena les devolvían su veredicto: cualquiera que hubiera sido el lugar donde se las hubiera soltado, la proporción de abejas contaminadas que habían regresado al nido era mucho menor que la de las abejas no contaminadas. Su sentido de la orientación se había visto marcadamente perturbado por las débiles dosis de pesticidas ingeridas unas horas antes.

Al año siguiente a la publicación de estos resultados, la Unión Europea procedió a prohibir temporalmente estas moléculas en los cultivos de cereal. La comunidad científica también emprendió numerosos estudios para comprender los efectos de estos pesticidas en las demás especies de abejas. Ben de Bivort y sus colegas de la Universidad de Harvard, Estados Unidos, recalcaron por ejemplo la influencia general de los neonicotinoides en el comportamiento de los abejorros[7]. Gracias a un sistema de seguimiento por vídeo de la actividad de cada abejorro en el nido (en este caso mediante códigos QR impresos sobre etiquetas de plástico y pegadas sobre el tórax), el equipo estadounidense pudo comprobar que una exposición al imidacloprid reducía las interaccio-

---

[c] Instituto nacional francés de investigaciones agrarias, que abarca la agricultura, la alimentación y el medio ambiente.

nes sociales y los cuidados que las obreras prestaban a las larvas. Estos cambios de comportamiento impedían a los abejorros, que normalmente contraen sus músculos para emitir calor o ventilan el aire caliente con sus alas para enfriarlo, mantener una temperatura estable en el nido. Esta incapacidad para termorregular el nido a 30 °C comprometió gravemente el desarrollo de las larvas y la supervivencia de las colonias. Jeri Wright y su equipo de la Universidad de Newcastle, Reino Unido, han puesto de manifiesto un efecto todavía más preocupante de la exposición a estas moléculas: ni las abejas melíferas ni los abejorros son capaces de evitar alimentarse de néctar contaminado cuando tienen la opción de hacerlo[8]. Al contrario, las pecoreadoras prefieren las soluciones azucaradas que contienen neonicotinoides al agua azucarada no contaminada, lo que las conduce a una muerte precoz. Este comportamiento, que cabría calificar de «irracional», puede explicarse a la luz de una observación realizada en el medio natural: las abejas prefieren los néctares que contienen débiles dosis de nicotina producida por determinadas plantas para protegerse contra los ataques de los herbívoros. Así, los neonicotinoides actúan como una droga que las hace dependientes, un daño colateral de la utilización de los pesticidas que recuerda preocupantemente al síntoma de adicción al tabaco...

Estos estudios establecen por lo tanto una constatación irrefutable para oponerse a los insecticidas a base de neonicotinoides. Gracias a la implicación de los investigadores y de los apicultores, han conducido al menos a una regulación mucho más restrictiva en Francia y en toda la Unión Europea, donde se han prohibido las tres principales moléculas en todos los cultivos al aire libre a partir de 2018, y la cuarta (tiacloprid), a partir de 2020. Lamentablemente, son muchos los Estados miembros de la Unión Europea, entre ellos Francia, que reclaman derogaciones para utilizar temporalmente los productos prohibidos. Además, en cuanto se prohibieron, estas moléculas fueron sustituidas por otras que no resultan ser menos peligrosas. Es el caso de los nuevos insecticidas a base de sulfoximin (¡75 puntos!), que se utilizan en numerosos países industrializados como China, Canadá o Australia. Estos pesticidas resultan atractivos porque son eficaces contra los insectos que han desarrollado resistencias a los neonicotinoides, es decir, que ya no son sensibles a ellos. Pero su modo de aplicación para impregnar los granos, su acción sobre los receptores nicotínicos del cerebro, su no especificidad en cuanto a las especies contra las que actúan y su insolubilidad en el agua los convierten en compuestos muy similares, con efectos devastadores sobre los polinizadores. Mark Brown, Elli Leadbeater y su equipo de la Universidad Royal Holloway, Reino Unido, han demostrado que una exposición regular de colonias de abejorros a dosis muy débiles de este nuevo pesticida debilita considerablemente a las colonias, en las que las forrajeadoras pasan a recolectar menos alimento; las reinas, a poner menos huevos, y las larvas, a tardar más en desarrollarse[9].

Por tanto, estamos muy lejos de una regulación. Tomando el relevo de la ciencia, las asociaciones de apicultores y de defensa de la naturaleza siguen alertando al público en general y a los responsables de la toma de decisiones sobre los daños que estas moléculas causan a las abejas y a los insectos en su conjunto. En efecto, todos los insectos, cualquiera que sea su tamaño, cuentan con receptores nicotínicos en su cerebro y, por tanto, son diana de estos pesticidas. Los apicultores de la región francesa de Occitania han lanzado por ejemplo la campaña «la Abeja del 18 de junio»[d] para instar al gobierno a que declare el estado de emergencia de la agricultura y la biodiversidad. Pero los intereses económicos son de tal envergadura que prohibir por completo la utilización de estos insecticidas es una decisión complicada a corto plazo. A pesar de ello, existen soluciones alternativas, en particular asesorando a los agricultores para que implanten prácticas agrícolas nuevas que garanticen una buena rentabilidad, como la agricultura ecológica. También puede plantearse un uso más sensato de los pesticidas, exponiendo exclusivamente a las especies a las que van dirigidas, mediante la utilización de «caballos de Troya», es decir, de cebos con trampa introducidos en el nido del animal. Las trampas con feromonas para atraer a los insectos nocivos y la utilización de especies auxiliares para regularlos pueden sustituir a la mayoría de los insecticidas. Una mejor ordenación de las zonas agrícolas para conservar los hábitats y la utilización de variedades cultivadas que ofrezcan néctar y po-

---

[d] Este llamamiento comenzó en 2016: https://www.apiculteurs-occitanie.fr/communique-labeille-du-18-juin-2019/.

len de alta calidad nutritiva pueden atraer a polinizadores a zonas abandonadas por ellos y aumentar considerablemente la producción agrícola. Todos estos planteamientos constituyen diferentes vías abordadas por la investigación para aportar soluciones viables y duraderas a la agricultura.

## EL ROCK NUNCA MUERE[e]

El otro problema que plantean los neonicotinoides es que acaparan toda la atención de los investigadores y de la opinión pública, hasta el punto de silenciar las demás fuentes de contaminación. Las abejas evolucionan en un entorno que nuestras actividades industriales han dejado marcado a hierro. Estos contaminantes constituyen factores de estrés para los insectos que, por desgracia, no se estudian o se estudian muy poco. Recientemente, me interesé por la contaminación que causan los metales pesados, a instancias de una estudiante que estaba decidida a enfrentarse a este problema en su doctorado. Como hija de agricultores, Coline Monchanin ha vivido muy de cerca durante su juventud la degradación de la situación de las abejas. Esto le ha hecho desarrollar una gran sensibilidad hacia su declive y hacia las consecuencias que este puede tener para la biodiversidad.

Antes de que abordemos el tema, he de confesar que la propia expresión «metales pesados» no me evocaba gran cosa, salvo tal vez un vago recuerdo de la tabla periódica de los elementos[f] que había estudiado en el bachillerato y algunos heroicos *riffs* de guitarra de Led Zeppelin[g]. Pero enseguida comprendí que la contaminación con metales pesados era un problema de salud pública fundamental, global y todavía en gran medida infravalorado. Probablemente sea una de las formas

---

[e] Este apartado aborda el problema de la contaminación con metales pesados procedentes de las rocas (*rock,* en inglés).

[f] La tabla periódica de los elementos (o tabla de Mendeleiev) representa todos los elementos químicos ordenados por número atómico creciente y organizados en función de la configuración de sus electrones.

[g] Esta banda inglesa de la década de 1970 suele considerarse uno de los grupos pioneros del *heavy metal* («metal pesado», en inglés).

de contaminación más extendida sobre la Tierra, de la que somos directamente responsables y contra la que tenemos que actuar.

Los metales pesados son elementos constitutivos de las rocas. Están presentes de manera natural en débiles concentraciones en la superficie de la tierra. Pero, a lo largo del siglo xx, la intensificación de las explotaciones mineras, de la metalurgia, de la combustión de los carburantes fósiles, de la producción industrial y de la utilización agraria de estos metales ha multiplicado por dos sus concentraciones en el medio ambiente. En pequeñas dosis, algunos de estos compuestos, como el cobalto, el cobre, el hierro, el manganeso y el zinc, son esenciales para nuestra alimentación y para la de muchos otros organismos vivos. Pero otros metales, como el plomo, el arsénico, el cadmio, el mercurio y el níquel, son extremadamente tóxicos. ¡Siempre la misma canción![h], me dirás: soltamos contaminantes en la naturaleza cerrando los ojos y mucho más tarde nos damos cuenta de que intoxicamos todo lo que nos rodea. En el caso que nos ocupa, estos compuestos contaminan efectivamente el aire, los suelos, el agua y las plantas[x]. Pero, en la década de 1970, hubo una primera toma de conciencia que condujo a la reducción de las emisiones de plomo para luchar contra el saturnismo, que provoca alteraciones del comportamiento y trastornos del desarrollo intelectual en el ser humano. A partir de la década de 1920, se añade plomo al combustible de los vehículos motorizados para lubrificar el motor y aumentar su eficiencia, lo que conlleva emisiones masivas a la atmósfera. Frente a este riesgo para la salud pública, poco a poco se empieza a prohibir en todo el mundo la gasolina con plomo[i]. Fue un primer paso, pero estaba lejos de ser suficiente.

---

[h] Led Zeppelin sacó su álbum *The song remains the same* («Siempre la misma canción») en 1976. Para limitar el número de notas a pie de página dedicadas a los malos juegos de palabras sobre los metales pesados y Led Zeppelin, he disimulado en los párrafos siguientes el nombre de los cuatro miembros del grupo (Robert Plant [plantas], Jimmy Page [página], John Bonham [buen alma] y John Paul Jones [amarillo (*jaune* en francés)]), marcándolos con una [x] (las palabras entre corchetes son las que han quedado señaladas, pues en castellano los juegos de palabras no siempre funcionan igual. *N. de la T.).*

[i] Aquella práctica se prohibió en Estados Unidos en 1975 y luego en Europa en la década de 2000. Sin embargo, el plomo sigue utilizándose en el carburante de los aviones y en las baterías de los vehículos motorizados, así como en pinturas, joyas, juguetes y cosméticos.

Para determinar el estado de la situación, Coline analizó todos los artículos científicos sobre el efecto de la contaminación con metales pesados en los invertebrados desde la década de 1970[10]. La principal conclusión que sacó de este análisis fue que la mayoría de los estudios arrojan efectos negativos evidentes sobre la supervivencia, la fisiología y el comportamiento de los insectos, incluso con dosis consideradas bajas, inferiores a las recomendadas por la Organización Mundial de la Salud. Estas dosis recomendadas, cuando existen[j], han sido determinadas mediante estudios de toxicidad realizadas en el ser humano o en ratones de laboratorio con exposiciones controladas. Al parecer, los insectos son más sensibles o sencillamente están más expuestos a la contaminación con metales pesados que nosotros. Además, la mayoría de los estudios se ha realizado con especies nocivas o especies modelo en biología, pero casi nunca con insectos que cumplen funciones ecológicas esenciales para el buen funcionamiento de los ecosistemas, como los polinizadores. Y muy pocos de estos estudios se han llevado a cabo con exposiciones conjuntas a diferentes metales, como suele ocurrir casi siempre con las contaminaciones en la naturaleza. En efecto, los metales pesados no suelen estar presentes de forma aislada, sino integrados en la composición de rocas o de sedimentos, de formas químicas mucho más complejas. Las conclusiones de Coline ponen pues de manifiesto un desfase muy importante entre las investigaciones realizadas en el laboratorio y la realidad del terreno. Nos exhortan a una nueva evaluación en profundidad de las consecuencias reales de la contaminación con metales pesados y de los umbrales recomendados por las autoridades de salud pública, que es preciso actualizar a la mayor brevedad, escribiendo una nueva página[x]. Tras esta triste constatación, decidimos realizar experimentos para estudiar el impacto de estos contaminantes en la inteligencia de las abejas. Muy a su pesar, Coline tuvo que intoxicar a unas abejas melíferas haciéndoles ingerir una mezcla compuesta por agua azucarada y muy pequeñas dosis de plomo, zinc y arsénico con el fin de evaluar la influencia de estas sobre su capacidad de aprendizaje y de memoria. En todos aquellos experimentos, los compuestos suministra-

_____

[j] En el momento en el que escribo estas líneas, existen recomendaciones internacionales tan solo para cuatro metales pesados: el plomo, el mercurio, el arsénico y el cadmio.

dos, solos o combinados, redujeron considerablemente las capacidades cognitivas de las abejas, que ya no eran capaces de aprender determinados ejercicios sencillos, como distinguir dos olores.

Para evaluar la pertinencia de estas observaciones de laboratorio, Coline realizó a continuación un estudio de campo. En aquella ocasión, situó unas colmenas en un radio de 10 km alrededor de un antiguo emplazamiento minero en el sur de Francia. Para ello contó con el apoyo de varios apicultores de buen alma[x] que accedieron a prestarle sus colmenas y sus abejas para que pudiéramos llevar a cabo este estudio. El emplazamiento, en el corazón de la montaña Negra, es una antigua mina de oro que fue explotada hasta principios de la década de 2000. Además del metal amarillo[x], de ella se extraía también arsénico, del que todavía tiene hoy en día abundantes reservas y que constituye una fuente muy preocupante de contaminación de las aguas y los suelos del entorno. Durante varias semanas, Coline acudió a aquel lugar para poner a prueba la facultad de las abejas procedentes de diferentes lugares alrededor de la mina para realizar aprendizajes y generar recuerdos olfativos. Los resultados fueron tajantes: las abejas recogidas en el antiguo emplazamiento minero tenían unas capacidades cognitivas muy deterioradas en comparación con aquellas localizadas a 10 km al norte o al este de dicho emplazamiento. La mayoría había dejado de aprender. En los raros casos en los que lo conseguían, les fallaba la memoria. En la actualidad seguimos sin saber exactamente cómo afectan los metales pesados al cerebro de las abejas. Pero sus efectos son incontestables. Incluso aunque su presencia solo sea detectable como trazas, estos metales constituyen una fuente de contaminación nefasta para los insectos, y probablemente para un número mucho mayor de especies animales sobre las que aún no se ha investigado. Lamentablemente, los metales pesados todavía están poco estudiados, y la mayoría de ellos aún no ha sido objeto de regulación, a excepción de los que se han identificado como tóxicos para el ser humano.

### El tejón y los gestos barrera

Y si solo fuera la contaminación… Las abejas también tienen que aprender a convivir cada vez con más predadores y enfermedades que compartimos por toda la superficie del planeta, porque viajan a bordo de camiones, barcos y aviones. Estas fuentes adicionales de estrés para los insectos pueden actuar sobre su sistema nervioso. Algunos parásitos incluso influyen en el comportamiento de su huésped para provocar su propia reproducción y dispersión. Es el caso del gusano gordiano, un parásito de los insectos que, en su fase juvenil, induce a su huésped a suicidarse haciendo que se tire al agua para que el gusano pueda salir y reproducirse en ese medio[11]. Estos gusanos nematomorfos constituyen entonces masas que parecen una bolsa de nudos, como el legendario nudo de Gordias, rey de Frigia, que Alejandro Magno cortó con su espada para poder llegar a ser el amo de Asia.

Las abejas están expuestas a un gran número de parásitos, entre ellos bacterias, hongos, ácaros y otros insectos. Estos organismos suelen estar presentes en el néctar o en el polen de las plantas y pueden afectar a las capacidades cognitivas de los insectos. El más famoso de ellos es un pequeño hongo unicelular conocido como *Nosema*. Este parásito se introduce en el intestino de las abejas en forma de esporas, se instala allí y utiliza su metabolismo de la glucosa para reproducirse. Esto provoca nosemosis, una enfermedad que los apicultores conocen muy bien y que se manifiesta en forma de diarreas, alteraciones del aprendizaje y cambios en los comportamientos de forrajeo. En la abeja melífera, *Nosema* modifica también la división del trabajo, acelerando la transición de las obreras desde la realización de tareas domésticas en el nido hasta el forrajeo en el exterior, de modo que las que salen en busca del néctar y del polen son abejas cada vez más jóvenes que no están realmente preparadas para ello. Estas forrajeadoras precoces, cuyo cerebro todavía es inmaduro, son mucho menos eficaces y corren un riesgo mucho mayor de perderse en su vuelo que las forrajeadoras de edad normal, hecho que debilita considerablemente a las colonias[12]. Desde su descripción en la década de 1990 en los colmenares, se han identificado formas de este parásito en numerosas especies de polinizadores silvestres, en particular en los abejorros, pero también en avispas y en mariposas, lo cual pone claramente de manifiesto la capacidad de *Nosema* para dispersarse y para cambiar de huéspedes. Afortunadamente, las abejas no son completamente pasivas. Algunas han desarrollado mecanismos de automedicación en respuesta a estas infecciones.

Así, las obreras infectadas por *Nosema* tienen tendencia a aumentar su consumo de pólenes ricos en proteínas o en propóleos[13], lo cual refuerza sus defensas inmunitarias y su capacidad para hacer frente a bajos niveles de infección.

En otras ocasiones, es a las abejas a las que transferimos a emplazamientos inadecuados, poniéndolas en contacto con sus predadores. Hace unos años, introdujimos una treintena de colmenas en un bosque cerca de mi laboratorio en Toulouse. Este colmenar es un remanso de paz que contrasta con el bullicio que crean los treinta y cinco mil estudiantes y los diez mil empleados —es decir, el equivalente de la población de la ciudad de Carcasona— que coinciden todos los días en la Universidad. Pedí que instalaran una tienda de 200 m$^2$ para estudiar los comportamientos de navegación de las abejas. Me había esmerado mucho en la elección de esta tienda (en realidad, un túnel muy largo), hecha de una malla muy específica que permitía que pasaran los rayos ultravioletas necesarios para que las abejas pudieran conocer la posición del sol en el cielo, pero que al mismo tiempo impedía que salieran de la zona de estudio y que otros insectos no deseados se introdujeran, interfiriendo con los experimentos. Al día siguiente de su instalación, descubrí agujeros en el tejido, a unos centímetros del suelo... el entusiasmo producido por la adquisición del nuevo equipamiento dejó rápidamente paso al fastidio. Primero pensé que los causantes habrían sido unos gatos y pedí a los estudiantes que dejaran de alimentar a los felinos del campus en la zona del colmenar. También eché posos de café, conocidos por su carácter repulsivo, alrededor del túnel. Pero sin éxito alguno. Noche tras noche, los agujeros se multiplicaban y eran cada vez más grandes. Cuando alcanzaron el tamaño de un balón de fútbol, acabé por instalar una valla eléctrica alrededor del túnel. El problema no hizo más que empeorar. Luego, algunas colmenas llenas de abejas fueron volcadas durante la noche. Algunas mañanas encontrábamos marcos de miel en la carretera, fuera del colmenar. Aquel crimen llevaba firma: una familia de tejones que vivían por allí se había aficionado a alimentarse de nuestras abejas y de su miel, haciendo de paso agujeros en mi tienda. Conocer al enemigo permite cohabitar mejor con él. Así que le dimos una vuelta al conjunto de la estructura, situando las colmenas en alto y cambiando la disposición del colmenar de modo que el túnel ya no estuviera en la ruta de los tejones.

A veces las abejas utilizan estrategias de lucha adquiridas durante su larga coevolución con los predadores. Es lo que sucede cuando se cruzan en su trayecto los avispones. Los avispones son predadores de insectos a los que les chiflan las abejas porque representan abundantes fuentes de proteínas. Estas grandes avispas sociales capturan a las abejas a su regreso al nido, cuando están repletas de néctar y su vuelo es más lento. La muerte de una abeja es tan rápida como violenta: el avispón la decapita para llevarse solo el tórax, que contiene los músculos de las alas y, por tanto, una elevada proporción de proteínas. Cuando se junta un número elevado de avispones, estos se posicionan en vuelo estacionario a la entrada de las colmenas y ejercen una fuerte presión predadora que limita la actividad de forrajeo. Pero algunas abejas han encontrado el remedio. Es el caso de las abejas japonesas[k], que han desarrollado mecanismos de defensa colectiva para protegerse de la depredación por parte de avispones gigantes[l]: ¡literalmente, los asan![14]. Cuando el avispón está acercándose, las abejas lo atraen hacia el interior de la colmena. Esperan a que su predador empiece a atacar para abalanzarse sobre él. Cada una de las abejas que rodean al avispón empieza entonces a vibrar, aumentando así la temperatura. El aire alrededor del avispón alcanza los 47 °C. Las abejas salen indemnes porque tienen una resistencia al calor dos grados superior a la del avispón. Este, inmovilizado bajo la masa de abejas, acaba por asarse vivo…

También se observan formas de defensa colectivas de este tipo contra los parásitos y los patógenos. En las abejas melíferas, las obreras presentan comportamientos higiénicos. Detectan aquellas celdillas que contienen la empolladura (los huevos y las larvas) enferma, destruyen las larvas y limpian las celdillas, lo que permite limitar la propagación de las enfermedades. Estas capacidades constituyen una forma de inmunidad social cuya eficacia varía en gran medida en función de las poblaciones y de las especies de abejas. Los equipos de Sylvia Cremer en Viena y de Laurent Keller en Lausana han puesto de manifiesto la

---

[k] La abeja japonesa, *Apis cerana japonica*, es una abeja domesticada originaria de Japón. Es una subespecie de la abeja asiática *Apis cerana*.
[l] El avispón gigante, *Vespa mandarinia*, es la especie conocida de insectos sociales de mayor tamaño. Puede alcanzar una longitud de 5 cm. Este avispón, originario de Asia, fue introducido en Norteamérica en 2019.

existencia de mecanismos de inmunidad social por evitación, que todavía son sencillos y probablemente estén más ampliamente extendidos entre los insectos sociales, incluidas las abejas[15]. Estudiando la respuesta de colonias de hormigas a la infección por un hongo patógeno, han observado diferencias muy claras en las redes de interacciones sociales[m] entre las hormigas de los nidos sanos y las de los nidos contaminados. Representando las interacciones en forma de gráficos, en los que las hormigas son los nudos y sus contactos las líneas, quedó claro que las hormigas reducían sus interacciones en presencia del hongo. Así, cuando las obreras forrajeadoras encargadas de la recolección de alimento se exponían al hongo, tenían tendencia a aislarse y pasar más tiempo fuera de la colonia, lo cual disminuía drásticamente los contactos con sus congéneres no contaminadas. Las nodrizas, por el contrario, reforzaban los cuidados de la empolladura y la transportaban más hacia el interior del nido para reducir los contactos con individuos contaminados. Esta respuesta rápida de las hormigas infectadas y no infectadas les permite luchar contra la propagación del patógeno en la colonia. Así pues, parece que los insectos respetan los gestos barrera desde el origen de los tiempos, mucho antes de que se generalizaran en nuestras sociedades. Esta distanciación social es un fenómeno de defensa sencillo y eficaz que permite potencialmente una resiliencia colectiva frente a la polución por diferentes agentes estresantes como los patógenos, pero también los pesticidas o los contaminantes.

## El segundo cerebro

Los médicos suelen decir que el estómago es el «segundo cerebro» del ser humano. Y es que nuestro sistema digestivo tiene cerca de doscientos millones de neuronas. También es el hábitat de numerosos mi-

---

[m] En la década de 2000, la utilización de análisis de redes revolucionó múltiples ámbitos de la biología, entre ellos la etología. Estas herramientas permiten visualizar gráficamente las interacciones sociales complejas y reducirlas mediante descriptores matemáticos sencillos. El campo de aplicación es inmenso. Por ejemplo, uno de mis colegas de Toulouse utiliza los análisis de redes para desarrollar nuevas tácticas en el fútbol y en el rugby tras haberlas ensayado durante mucho tiempo con las abejas.

croorganismos que nos ayudan a hacer la digestión, degradando y asimilando los alimentos. Esta flora intestinal, denominada «microbiota», está compuesta por cientos de miles de millones de bacterias no patógenas. Esto equivale aproximadamente a 1 kg de microorganismos, es decir, más o menos el peso de nuestro cerebro. Nuestro cuerpo es pues, en sí mismo, un verdadero ecosistema, en el que la mayoría de las células que lo componen proceden de fuera. A bote pronto, esto puede dar miedo. Pero, como ocurre en todos los ecosistemas, estas interacciones son fruto de miles de años de coevolución y forman un equilibrio sutil en el que todos los miembros se benefician. Numerosos estudios comienzan a demostrar que estos microorganismos no son meros seres pasivos que se alimentan de nuestro metabolismo. También se comunican a menudo con nuestro cerebro y ejercen un impacto sobre nuestra inmunidad, nuestra fisiología y también sobre algunos de nuestros comportamientos debidos a déficits cognitivos o a una reducción de las interacciones sociales[16]. Las investigaciones realizadas en el ser humano y en los ratones se han hecho extensivas recientemente al mundo de los insectos. Arrojan luz en particular sobre la perturbación de las relaciones simbióticas entre los insectos y su microbiota debido a la influencia del ser humano sobre el entorno, por ejemplo mediante la utilización de tratamientos antibióticos para los cultivos y el ganado.

La mayoría de los insectos albergan comunidades bacterianas mucho más sencillas que las nuestras. Así, por ejemplo, en el tubo digestivo de la abeja melífera y de la drosófila está habitualmente presente solo una decena de especies. Pero existen excepciones notables, como la de algunas termitas que se alimentan de madera o de tierra, muy pobres en nutrientes, y cuya flora intestinal es mucho más compleja. Estas termitas necesitan una gran variedad de simbiontes para conseguir que estas materias primas sean digeribles o para que les proporcionen los nutrientes esenciales que no están disponibles en los alimentos, ya sea porque producen metabolitos útiles, ya porque son ingeridos directamente por su huésped. Las bacterias suelen ingerirse a través de la alimentación. En las abejas, las hormigas y las cucarachas se comparten durante las interacciones sociales y contribuyen al establecimiento del olor colonial. Yehuda Ben-Shahar y sus colegas de la Universidad de Saint-Louis, Estados Unidos, han demostrado por ejemplo que unas abejas melíferas hermanas, a las que se les habían inoculado diferentes cepas bacterianas, desarrollaban firmas químicas diferentes y ya no eran reconocidas como miembros de la misma colonia[17]. La microbiota puede ejercer, por tanto, una enorme influencia en el comportamiento de los insectos y conformar el conjunto de su organización social.

He tenido la oportunidad de contribuir a estos estudios cuando trabajaba con las moscas en Sídney. En aquella época tenía por costumbre tomarme el café fuera del laboratorio, en una mesa soleada todas las mañanas del año. Un día, la mesa estaba ocupada por Chun Nin Wong, otro estudiante posdoctoral recién diplomado de la Universidad de Cornell, que había tenido la misma idea que yo. Adam (su apodo) era especialista en la microbiota de las moscas. Ya en aquel primer encuentro, me recomendó que leyera un estudio realizado por el equipo de Eugene Rosenberg en la Universidad de Tel Aviv[18]. Los investigadores israelíes habían alimentado a unas drosófilas con una dieta que era o bien rica en melaza (azúcar simple) o bien rica en almidón (azúcar complejo). A las moscas se las suele criar en pequeñas botellas de plástico en cuyo fondo se deposita un alimento lo suficientemente sólido para que las adultas puedan desplazarse por encima sin hundirse, aunque lo suficientemente blando como para que se lo puedan comer, puedan poner sus huevos y que las larvas (los gusanos) perforen galerías. Un criadero de drosófilas digno de tal nombre contiene miles de estas botellas y huele mucho a levadura de panadería (el principal ingrediente de la alimentación para las moscas). En este caso, estas diferentes dietas de azúcares simples y complejos diseñadas por el equipo israelí tenían el propósito de favorecer el establecimiento de distintas comunidades de bacterias en los intestinos de las moscas. Así, cuando se mezclaban las moscas procedentes de botellas con diferentes alimentos, mostraban extrañas preferencias sexuales. Las moscas criadas con melaza preferían acoplarse entre ellas, como también lo preferían las criadas con almidón. Esta preferencia por parejas sexuales alimentadas con las mismas dietas aparecía en tan solo una generación y desaparecía igual de deprisa, tras un tratamiento antibiótico. Los investigadores acababan de hacer un descubrimiento fundamental: las bacterias del tubo digestivo, seleccionadas a través de la dieta alimentaria de las moscas, influyen en sus comportamientos, probablemente modificando la comunicación química entre ellas.

Después de unos cuantos cafés más que pasé comentando estos experimentos con Adam, nos habíamos puesto de acuerdo: íbamos a comprobar la influencia de la microbiota de las moscas en su capacidad para elegir su alimentación[19]. En apenas unos días, Adam aisló cepas de bacterias a partir de mi criadero de moscas. Luego creó grupos de moscas sin microbios (moscas axénicas), grupos de moscas con varias cepas de microbios (moscas salvajes) y grupos de moscas inoculadas con una sola cepa seleccionada de microbios (moscas gnotobióticas). Dejamos en ayuno a las moscas y luego las colocamos en unas cajitas que contenían unas dietas que yo había cocinado, a base de azúcares, levaduras y agaragar para solidificar la mezcla. Observando a estas moscas durante varias horas, descubrimos que se sentían atraídas por diferentes fuentes de alimento. Cuando las moscas podían elegir entre varias dietas idénticas pero que estaban colonizadas por diferentes poblaciones de bacterias (algo así como si eligieran entre diferentes variaciones de una misma receta de un pastel enmohecido), preferían engullir la alimentación colonizada por las bacterias que ya estaban presentes en su intestino. Si las dietas eran de diferentes calidades (esta vez era como si tuvieran que elegir entre varias recetas de pasteles enmohecidos), las moscas, al parecer, llegaban a un compromiso entre su atracción por los microbios que llevaban en su intestino y los nutrientes que necesitaban para alimentarse. En la mayoría de los casos, la selección del moho se imponía aparentemente a la elección de los nutrientes, de modo que la microbiota las conducía a veces a tomar decisiones nutricionales irracionales. Imagínate que no has comido en cuarenta y ocho horas y que tu intestino te induce a elegir una parte de pastel enmohecido en lugar de un menú equilibrado con dos platos y postre...

Otros estudios indican efectos todavía más directos de la microbiota sobre la cognición, poniendo de manifiesto que la pérdida de los microbios intestinales reduce las capacidades de aprendizaje y de memoria de las moscas[20]. Es probable que los microbios produzcan compuestos químicos que se comunican directamente con el cerebro de los insectos, como ya se ha demostrado en el ser humano, cuyas bacterias simbióticas causan la modulación de numerosas enfermedades neurodegenerativas, de los estados emocionales y de las interacciones sociales. Uno de los motivos para proteger la biodiversidad es identificar estas moléculas y producir suplementos probióticos que puedan aumentar las capacidades cognitivas de los insectos o puedan favorecer la expresión de comportamientos clave para la conservación, como la polinización de las plantas por parte de las abejas.

## Cinco frutas y verduras al día

La mala alimentación es un problema adicional para las abejas. Todo el día nos están diciendo que tenemos que diversificar nuestra alimentación y asegurarnos de que comemos cinco frutas y verduras al día y evitamos las grasas, el exceso de azúcar, de sal, etc. Los insectos también tienen la necesidad vital de regular su régimen alimentario, cuidando de no comer cualquier cosa. Así, por ejemplo, las langostas migratorias son capaces de seleccionar, entre una amplia variedad de plantas, aquellas que satisfacen sus necesidades de azúcares, proteínas, lípidos y sales minerales[21]. Ninguna planta por sí sola garantiza que los insectos alcancen este equilibrio perfecto. Para ello, tienen que probar las distintas plantas disponibles e ingerirlas en cantidades adecuadas para equilibrar su régimen alimentario. Estas necesidades cambian a lo largo de la vida y los insectos ajustan sus elecciones en consecuencia. Esta evolución también la encontramos en el ser humano, cuya alimentación varía considerablemente en función de la edad.

En las abejas, esta tarea de regulación del régimen alimentario la realizan colectivamente las forrajeadoras que tienen la grave responsabilidad de alimentar al conjunto de los miembros de la colonia, es decir, a una congregación en ocasiones muy numerosa (varias decenas de miles de individuos) con necesidades nutricionales diversas. Las propias forrajeadoras necesitan azúcares que se encuentran en el néctar de las plantas para producir la energía que requieren para volar. Las otras obreras también necesitan principalmente energía para ocuparse de las larvas y del nido, pero en menor cantidad. En cambio, las larvas requieren ante todo proteínas y lípidos para crecer, al igual que la reina, que tiene que producir y poner los huevos, ¡a veces hasta dos mil al día en el caso de las abejas melíferas! Audrey Dussutour y su equipo en Toulouse han revelado cómo resuelven las colonias de hormigas este problema. Las obreras encargadas de la recogida de alimento se reparten el trabajo para explotar las fuentes más o menos ricas en proteínas y en azúcares. Conocen las necesidades de la colonia analizando las reservas de alimentos que hay en el nido, los excesos de alimento que, en su caso, las demás obreras echan fuera del nido y la composición de la colonia. Cuantas más larvas contiene la colonia, más alimentos ricos en proteínas traen las hormigas. Por el contrario, si la colonia está compuesta principalmente por adultas, las hormigas se centran en la recolección de azúcares. De manera todavía más sorprendente, esta regulación colectiva de la selección de alimentos recogidos no se observa solamente para las grandes categorías de nutrientes, como los azúcares, los lípidos y las proteínas. Las colonias de hormigas también son capaces de seleccionar alimentos porque contienen microcompuestos esenciales, en particular determinados aminoácidos[22]. Es decir, que los insectos tienen la capacidad de reconocer en los alimentos la presencia de nutrientes específicos independientemente de otros, lo cual les permite contrarrestar las potenciales carencias alimentarias.

Los estrés nutricionales que sufren las abejas suelen ser resultado de modificaciones del paisaje a consecuencia de nuestras actividades. Ponte tú en el lugar de una abeja cuyo hábitat se sitúa cerca de un monocultivo que se extiende hasta el infinito, como ocurre a veces con los campos de colza en primavera o de girasol en verano. A pesar de la belleza de estas floridas extensiones y de la inmensa cantidad de alimento que proporcionan, dichos cultivos reducen considerablemente la diversidad de la alimentación disponible. Por efecto de la intervención del ser humano, el mundo se empobrece: de los centenares de especies vegetales que antaño jalonaban nuestro medio rural, no queda más que un tipo de néctar y de polen en los campos. Aunque las semillas cultivadas han sido seleccionadas siguiendo un conjunto de criterios que permiten un mayor rendimiento agrícola, en lo que nunca se ha pensado es en que queden cubiertas las necesidades nutricionales de los polinizadores. Sería una enorme coincidencia que esta única fuente de alimento procurara un aporte nutricional equilibrado a una colonia de abejas. Lamentablemente, por tanto, en estos monocultivos las abejas padecen carencias alimentarias. Además, al no florecer más que una o dos veces al año, estos campos que rebosan alimento humano crean paradójicamente largos períodos de escasez y hambruna para las abejas.

Sharoni Shafir y su equipo de la Universidad de Jerusalén han testado la importancia de una carencia de omega-3 a la que regularmente se somete a estos himenópteros en los campos de cultivo de Israel[23]. Estos ácidos grasos son esenciales para el desarrollo y el funcionamiento del cerebro. La mayoría de los animales no los sintetizan y, por tanto, deben adquirirlos a través de su alimentación. Los investigadores israelíes alimentaron a unas colonias con pólenes enriquecidos o empobrecidos en omega-3 y obtuvieron peores rendimientos de aprendizaje y de memoria en las abejas cuya dieta estaba empobrecida. El análisis de los pólenes de las plantas en el entorno del emplazamiento del estudio reveló niveles muy bajos de omega-3 en especies cultivadas como los eucaliptos, los manzanos, los perales y los almendros; revela la malnutrición que padecen las abejas en estos paisajes agrícolas. Este fenómeno no es específico de la región de Oriente Próximo y plantea el problema más general de los monocultivos. Cada año, el 60 % de las colonias de abejas criadas en territorio estadounidense son transhumadas a California para que polinicen los almendros, de lo que se infiere un grave problema de malnutrición.

## A LA ESPERA DEL MUNDO DE DESPUÉS

Las abejas viven en nuestra compañía en un mundo contaminado y degradado. A pesar de que algunos lugares de la Tierra se han librado más que otros, nuestra huella tiene efectos globales sobre el medio ambiente. Pero, por fortuna, la naturaleza es resiliente. Al menos hasta cierto punto. Durante la crisis de la COVID-19, la parada inédita de las actividades humanas en el conjunto de los continentes fue una bocanada de aire fresco para el planeta y sus habitantes. Empezamos por ver a animales paseándose por las ciudades, en lugares que no solían frecuentar. Luego se produjo una explosión de insectos un poco por doquier. Nunca vi tantas xilocopas[n] y avispas como durante aquella primavera de receso. Incluso me sorprendí cuando comprobé que una osmia[o] se había instalado en mi balcón en pleno centro de la ciudad. Por cierto, creo que era la primera vez que un insecto se dignaba a instalarse en la pila de bambús improvisada unos años antes y que algunos han bautizado como «hotel de insectos». La naturaleza es pues resiliente. Pero, por supuesto, vivir en situación de confinamiento permanente no es una solución para frenar la pérdida de biodiversidad. La huida hacia delante a otros planetas tampoco lo es y no haría más que trasladar el problema. ¿Qué hacemos entonces?

Solemos pensar que la solución debe proceder en primer lugar de los gobiernos y de las empresas, porque son los que ejercen mayor influencia sobre nuestro modo de vida al establecer las leyes y los precios. Aunque probablemente sea cierto a corto plazo, las soluciones a más largo plazo pasan necesariamente por una mejor comprensión del mundo que nos rodea. Así pues, cierto número de investigaciones fundamentales sobre la cognición de los insectos permiten diseñar acciones de desarrollo duradero respetuosas con el medio ambiente.

Los estudios sobre la inteligencia de las abejas han permitido desvelar el misterio acerca de su talón de Aquiles: su cerebro es tan pequeño y está tan optimizado que la más mínima neurona atacada por un factor de estrés puede generar disfunciones cognitivas. A partir de estas observaciones, una primera medida sencilla que cabría plantear podría ser la de reducir considerablemente la utilización de insecticidas, sin necesariamente prohibirlos del todo[24]. En la actualidad, la mayoría de estos compuestos se aplican de manera preventiva en dosis calculadas para matar a los insectos diana, sin siquiera verificar si estos están presentes en la zona que se va a tratar. Estas moléculas se propagan por el

---

[n] La xilocopa violeta *(Xylocopa violacea)* es una abeja solitaria de gran tamaño común en Francia. Su cuerpo es enteramente negro con reflejos de un azul metálico. Las alas son oscuras con matices violeta. Sus robustas mandíbulas le permiten construir el nido en la madera, lo que le ha valido el nombre de «abeja carpintera».

[o] La abeja albañil u osmia cornuda *(Osmia cornuta)* es una pequeña abeja solitaria negra cuyo abdomen es de color óxido. Las hembras emparejadas construyen sus nidos en cavidades alargadas, formando una serie de celdillas separadas por tabiques de arcilla y que contienen reservas de alimento sobre las que ponen los huevos (primero las hembras y luego los machos). Los adultos no salen del nido hasta un año más tarde.

entorno y afectan a las especies no diana, incluso en dosis muy pequeñas, en forma de residuos, como pone de manifiesto el ejemplo de los
neonicotinoides que desorientan a las abejas[p]. Estos riesgos para el medio ambiente ya no están justificados. Lo que es cierto para los polinizadores también lo es para los demás insectos. Por consiguiente, una
primera posibilidad a corto plazo consistiría en limitar drásticamente
la utilización de insecticidas, aplicándolos en dosis pequeñas, subleta-
les, de manera enfocada, para exponer a ellos exclusivamente a las especies nocivas, y reducir así el impacto ecológico. Otra posibilidad sería controlar mejor los calendarios de utilización de los insecticidas
para prevenir la aparición de las resistencias observadas como consecuencia de tratamientos masivos. Porque el número de especies resis-
tentes contra las que las moléculas ya no surten ningún efecto aumenta constantemente, lo que obliga a la industria química a desarrollar
insecticidas cada vez más tóxicos. Esta escalada de los venenos podría
evitarse organizando rotaciones de los cultivos tratados y de los insecticidas utilizados. Finalmente, utilizar menos insecticidas disminuiría
también los costes para la agricultura, lo que incrementaría el rendimiento neto de las explotaciones. Estas recomendaciones no suplen la
necesidad de reformar las prácticas de la agricultura intensiva fomen-
tando otras de lucha biológica y mecánica. Pero pueden aplicarse de
manera rápida y tener un efecto positivo inmediato sobre el medio ambiente, al tiempo que no penalizan a quienes las utilicen.

Las investigaciones sobre la inteligencia de las abejas también pueden conducir al establecimiento de nuevas prácticas para la agricultura de precisión. Numerosas señales anuncian una crisis de la polinización en un futuro cercano debido al aumento constante de la demanda
para alimentar a la humanidad y del declive de los polinizadores por
doquier en el mundo[25]. Una posibilidad para hacer frente a esta crisis
es aumentar la actividad de polinización natural por las abejas. Walter
Farina y su equipo de la Universidad de Buenos Aires, Argentina, han
estudiado a fondo el papel del aprendizaje de los olores en el reclutamiento alimentario mediante la danza en forma de ocho en las abejas

---

[p] Véase el párrafo «Los daños que causa la nicotina» en este capítulo.

melíferas[q]. Sus estudios les han conducido en particular a manipular estos aprendizajes para mejorar la polinización de los cultivos[26]. Todo surgió de la observación de que, del mismo modo que una forrajeadora aprende a reconocer el aroma de las flores cuando las visita, una obrera puede aprender el olor de una flor cuando está en contacto con una bailarina impregnada del olor de la flor que acaba de visitar. Una única exposición, incluso indirecta, a este olor basta para formar un recuerdo a largo plazo en la futura forrajeadora. Así, los investigadores argentinos han puesto de manifiesto que, cuando un olor a flor se difundía de manera artificial en una colmena, esto producía una activación de la memoria de las abejas y estimulaba su actividad de forrajeo hacia las flores en cuestión. Alimentando las colmenas con néctar impregnado de olor a girasol, el equipo consiguió crear recuerdos olfativos en las abejas y a estimular el forrajeo del girasol a demanda. Mediante este subterfugio, consiguieron incrementar el rendimiento de polinización por las abejas en casi un 60 % en los campos testados. Semejante rendimiento ya no justifica la utilización masiva de pesticidas. Para que este método sea viable, por supuesto hay que asegurarse de que las colonias de abejas se encuentran cerca de las plantas silvestres o de los complementos alimentarios con el fin de compensar el eventual desequilibrio nutricional vinculado con la explotación de los monocultivos.

Nuestros estudios sobre la navegación de las abejas son otro ejemplo de la manera en que unos conocimientos fundamentales permitirían optimizar los procesos naturales de polinización sin que tuviéramos que recurrir a tratamientos químicos. Si conseguimos comprender cómo se desplazan las abejas por el paisaje y cómo eligen las flores que visitan, podremos comprender los flujos de polen entre las plantas y, por tanto, el éxito de la polinización. En efecto, sin que se sepa realmente por qué, algunas plantas en un campo reciben más polen que otras, y otras plantas tienen mayor probabilidad de recibir polen de menor calidad o procedente de plantas incompatibles (por ejemplo, porque son especies diferentes). Anticipar el comportamiento de las abejas permitiría influir directamente sobre la polinización, ajustando el núme-

---

[q] Véase el capítulo «Problemas de navegación».

ro de polinizadores en los cultivos a unos niveles que garantizaran que todas las plantas fueran visitadas. Esto también brindaría la posibilidad de modificar la ordenación espacial de las plantas para favorecer que las visitaran los polinizadores, por ejemplo colocando plantas de interés en sus probables trayectorias. ¿Es realmente un campo con filas paralelas de plantas de la misma especie la mejor configuración para optimizar la polinización de las abejas? ¿No habría que plantearse la posibilidad de otras geometrías? ¿De mezclas de plantas de diferentes especies? Estas manipulaciones son otras tantas pistas para aumentar la producción agrícola, favoreciendo planteamientos de policultivo y permacultura. Estos conocimientos conducen también a una mejor comprensión de aquellas características del entorno que favorecen el forrajeo y garantizan el carácter perenne de las poblaciones de abejas. Varios de mis colegas ya están estudiando la ordenación de los entornos en las zonas en las que los polinizadores están en declive crítico, por ejemplo ofreciéndoles un acceso facilitado a un alimento abundante y diversificado a lo largo del año. Esta medida podría generalizarse sin dificultad para favorecer la implantación y la actividad de comunidades de abejas salvajes.

Más allá de las aplicaciones concretas de los descubrimientos científicos para cambiar nuestras prácticas, una difusión más sistemática de los conocimientos también es un medio muy eficaz para hacer que un público más amplio tome conciencia de lo que está en juego con la erosión de la biodiversidad y para movilizar el talento. La divulgación de los descubrimientos científicos a través de los medios de comunicación y de los investigadores hace que se amplíen los horizontes. De estos intercambios de información suelen nacer nuevas ideas. Incluso entre los más jóvenes. Recientemente un alumno de preescolar me preguntó cómo aprendían los abejorros a volar. De lo que no cabe duda es de que en una colonia siempre hay abejorros que destacan en esta tarea y otros que no lo consiguen nunca. Pero ¿por qué razón? No supe contestarle. Pero la pregunta me persiguió durante varios días y en este momento tengo algún proyecto para tratar de contestarla.

Inversamente, durante la reciente crisis sanitaria hemos podido constatar que la comunicación entre los investigadores y el público en general presenta a veces ciertas limitaciones. En muy poco tiempo, los franceses han descubierto a numerosos expertos que exponían un estado de los conocimientos científicos que iban evolucionando día a día y que a veces les conducían a conclusiones divergentes, hasta que un cúmulo de resultados obtenidos por varios laboratorios consiguió que se impusiera una realidad científica estable. Esta confusión tuvo un impacto en la credibilidad de la ciencia entre el público y condujo a muchas personas a desarrollar su propia opinión sobre la epidemia y unas soluciones que consideraban que había que adoptar, y que no descansaban sobre bases científicas sino subjetivas. Hoy en día existen otras maneras de sensibilizar en masa al público haciendo que participe directamente en el proceso de la investigación.

He tenido la fortuna de estar implicado en varios de esos proyectos, en los que personas voluntarias, ajenas a cualquier institución de investigación, podían recabar datos e incluso participar en el diseño de los protocolos experimentales. Para los participantes esto representa una inmersión en el mundo de la investigación. Para los investigadores, permite responder a nuevas preguntas a partir de inmensos conjuntos de datos y con menores costes. Mi primera inmersión en las ciencias participativas fue posterior a la observación de una grandísima presencia de avispones asiáticos en nuestro colmenar. Desde principios de la década de 2000, este avispón, fácilmente reconocible por sus patas amarillas, construye allí todos los años inmensos nidos de papel que contienen varias decenas de miles de obreras y se alimenta de nuestras abejas. Los apicultores tratan de ponerle trampas en masa o de destruir los nidos para proteger sus colmenas. No por ello deja de ser un insecto social fascinante que, al igual que las abejas melíferas, vive en una sociedad muy sofisticada y poliniza en sus ratos libres. Se cree que una reina de este avispón fue importada por error desde el Sudeste asiático hasta el suroeste de Francia en 2004. Desde entonces, se ha instalado una población que ha invadido gran parte de Europa, desde Portugal hasta Italia, los Países Bajos y el Reino Unido. En el caso de estos avispones, son las reinas las que se dispersan, a veces en distancias de decenas de kilómetros y una vez al año para fundar un nuevo nido en primavera. Antoine Wystrach, un colega especialista en las hormigas al que le gusta compartir cafés al sol, y yo planteamos la hipótesis de que estas poblaciones invasivas estuvieran en plena evolución. Si así fuera, los avispones que se hallan en los frentes de invasión deberían presentar caracteres morfológicos que favorecieran la dispersión, por ejemplo unas alas muy grandes para volar más lejos. Por el contrario, los avispones que hubiesen permanecido en el lugar de introducción deberían presentar morfologías que favorecieran la competencia con los demás avispones, por ejemplo siendo de mayor tamaño.

Para probar nuestra hipótesis, hicimos un llamamiento dirigido a potenciales voluntarios: cualquier persona que estuviera interesada podía poner una trampa para avispones durante varios días en su jardín y mandarnos por correo en un sobre las reinas capturadas. La operación cosechó un éxito inesperado. En tan solo unas semanas recibimos casi seis mil avispones procedentes de toda Europa, así como tarros de miel, nidos y mensajes de aliento.

Tras varios meses de lavado, cocido, disección y medición de estos animales, pudimos validar nuestra teoría y demostrar que las reinas de los avispones (las fundadoras) del frente de invasión estaban evolucionando a ojos vista. Sus cuerpos más ligeros y sus alas más largas aumentaban la eficacia de su vuelo y explicaban la invasión relámpago.

Además de la alegría de haber validado nuestra hipótesis, tuvimos el placer de compartir esta investigación con más de quinientos participantes, sin los cuales el estudio jamás se habría podido llevar a cabo. Las invasiones biológicas son muy habituales y nos enseñan que, por desgracia, existen pocas palancas de acción. Casi siempre es preciso esperar a que se establezca el equilibrio de las interacciones ecológicas entre estos predadores y sus nuevas presas. Espero que esta investigación haya permitido a numerosos participantes modificar su opinión sobre estos insectos, que los apicultores suelen detestar pero que en realidad no tienen nada que envidiarles a las abejas melíferas en términos de organización social y probablemente también de elaboradas capacidades cognitivas individuales y colectivas.

Además, con frecuencia, las buenas ideas proceden de los propios voluntarios. Hace unos años, un profesor de instituto del departamento francés de La Manche se puso en contacto conmigo. Tres de sus alumnos habían elegido trabajar sobre un sistema de captadores para estudiar el comportamiento de las abejas siguiendo el modelo de las «colmenas inteligentes». Estas colmenas que contienen captadores estaban entonces en pleno desarrollo en el mundo de la apicultura. Tanto los profesionales como los aficionados daban alas a su creatividad para equipar sus colmenas con una estación meteorológica, pesos y sensores de temperatura y de humedad, para hacer un seguimiento en tiempo real y a distancia del estado de sus colonias y su producción de miel. Con el fin de aumentar el desafío técnico, se nos ocurrió desarrollar esta vez «flores inteligentes» que nos permitieran estudiar a distancia la actividad de forrajeo de las abejas en el medio natural. Aquellos dispositivos inéditos registraban la identidad de las abejas que los visitaban, así como la hora a la que lo hacían. Aunque aquel trabajo iniciado por unos estudiantes de instituto no culminó en un producto totalmente terminado, resultó ser una excelente base que originó numerosos estudios de investigación posteriores. Hoy en día el proyecto cuenta con una financiación de varios millones de euros y ha adquirido una dimensión universitaria en la que están implicados varios laboratorios, estudiantes de distintas ramas, asociaciones, la población local y distintas empresas. Las flores inteligentes han evolucionado, convirtiéndose en test de CI automatizados para estudiar la salud cognitiva de las abejas en diferentes tipos de entornos. Incluso hemos extendido el concepto a otras especies, hasta el punto de que, en el momento en que escribo estas líneas, en la región de Toulouse hay distribuidos un poco por doquier flores, comederos para aves y acuarios, todos ellos inteligentes, que permiten medir la salud de los ecosistemas terrestres y acuáticos mediante organismos modelo. En este proyecto, las abejas melíferas, los herrerillos carboneros y los caracoles de estanque (pequeños caracoles acuáticos) se utilizan como «especies centinela», por ser especies bien conocidas y con las que resulta fácil realizar experimentos para medir la influencia de los cambios medioambientales. A través de estas especies modelo, estamos estudiando grupos mucho más amplios y las funciones ecológicas que estos cumplen. La abeja melífera no está en declive propiamente dicho. Aunque la duración media de la vida de las colonias muestra una tendencia decreciente, cada vez hay más apicultores, y estos renuevan constantemente su cabaña. Pero es gracias al estudio de la respuesta al estrés de estas abejas domésticas como obtenemos valiosas informaciones sobre la salud de las poblaciones de abejas salvajes, que a menudo sufren declives importantes y preocupantes.

Contrariamente a Aquiles y a muchos otros héroes de la mitología griega, el destino de las abejas no está pues irremediablemente grabado en mármol. Con las herramientas modernas de la investigación y los enfoques a gran escala que hacen participar a redes humanas y redes de captadores, disponemos ahora de todos los elementos necesarios para realizar un diagnóstico más ajustado de la influencia de las combinaciones de distintos tipos de estrés medioambiental sobre el comportamiento de los animales en el medio natural y a largo plazo. Si te has leído este libro hasta el final, ya no me preguntarás por qué es tan importante.

# EPÍLOGO
## A FIN DE CUENTAS, TODOS SOMOS UN POCO ABEJAS

Un día alguien me dijo: «¡es normal que te interesen tanto los abejorros, porque te pareces a ellos!». Ya me habían hecho la misma broma cuando estudiaba las cucarachas... De primeras, no hice demasiado caso. Pero a veces vuelvo a pensar en ello. ¿Cuál sería el sentido de aquella observación? ¿Debía interpretarla como un tipo de reconocimiento? («Es importante que haya personas que hagan este trabajo.») ¿Una manera cortés de cerrar una conversación? («Los abejorros son interesantes, pero no para todo el mundo.») ¿O debía tomármelo al pie de la letra? («Me parezco de verdad físicamente a un abejorro.») Probablemente nunca tendré la respuesta a esas preguntas. Pero cuanto más lo pienso, más me digo que, a fin de cuentas, todos nos parecemos un poco a los abejorros. Y me explico.

Los abejorros y los seres humanos tienen un antepasado común que, según las estimaciones, existió al parecer hace más de quinientos millones de años[1]. Dicho antepasado, probablemente un gusano acuático, lo compartimos con muchas otras especies animales. Por un lado, ha dado lugar a los vertebrados. Primero los peces, luego los anfibios que colonizaron la tierra y cuyos descendientes son los reptiles, las aves y los mamíferos. Por otro lado, ese ancestro común con los abejorros ha originado los crustáceos, algunos de los cuales han evolucionado en insectos. Al igual que nosotros, los insectos tienen un cerebro, un corazón y unos órganos digestivos y reproductores. Necesitan oxígeno y alimento para vivir. Enferman y desarrollan respuestas inmunitarias. Todas estas características están impresas en un código genético: el genoma. A principios del siglo xx, la descripción de los genomas del ser humano y de la abeja melífera ha revelado semejanzas genéticas hasta entonces insospechadas. Compartimos más del 60 % de nuestros genes con las abejas. La mayoría de nuestras enzimas, esas proteínas implicadas en funciones fisiológicas básicas como la digestión, la comunicación nerviosa y la síntesis de hormonas, son semejantes. Nuestras células nerviosas funcionan del mismo modo. Pero las similitudes no acaban ahí. Ya lo hemos visto, incluso existe cierto parecido entre nuestras psicologías.

A lo largo de la evolución, las capacidades cognitivas que definen la inteligencia han aparecido, se han especializado y a veces han desaparecido y vuelto a aparecer por el reino animal. Hoy en día está claro que compartimos un gran número de estas capacidades con los animales que nos rodean, incluidos los que menos se nos parecen. Cuanto más tratamos de describir estas elaboradas capacidades intelectuales en los insectos, más las encontramos. Ni el tamaño ni la organización del cerebro de un animal nos informan de sus capacidades intelectuales[2]. Los insectos, aun con un sistema nervioso muy modesto, muestran señales de numerosidad, procesos de atención y otras capacidades cognitivas sorprendentes, como el reconocimiento individual, la identificación de objetos, la comunicación simbólica, la utilización de herramientas o el razonamiento causal. En particular, las abejas tienen al parecer una representación mental del espacio y del tiempo, que constituye la base de la consciencia. Por tanto, contrariamente a lo que se creía hace apenas unos cincuenta años, los insectos no tienen nada que ver con las máquinas.

Estas semejanzas cognitivas desconcertantes entre los seres humanos y los insectos suscitan lógicamente la cuestión de su sufrimiento físico y mental. En otras palabras, nos inducen a plantearnos su bienestar. Vivimos en una época en la que están en marcha numerosas iniciativas para que progrese la bioética y la defensa de los derechos de los animales. Sin embargo, los insectos, y los invertebrados en general, no figuran en los debates. Los criterios de protección actuales se basan en la creencia de que solo los vertebrados son seres «sintientes», es decir, capaces de tener sensaciones y emociones, ya sean positivas o negativas.

Solo algunos cefalópodos, como los pulpos y las sepias, constituyen la excepción[a]. Esto no significa que las personas que estudian los insectos no los respeten. La gran mayoría de los investigadores obedecen a prácticas éticas como consecuencia de tomas de conciencia individuales y aplican el principio de «las tres erres»[b], que tiene por objetivo que se reduzcan el número de animales de laboratorio y los potenciales sufrimientos de estos durante los experimentos. Sin embargo, hasta la fecha no existe ninguna reglamentación oficial a favor del bienestar de los insectos, y muchos científicos, asociaciones y políticos coinciden en plantear que el avance de estas regulaciones es insuficiente. Más allá de la utilización anual de miles de millones de insectos para la investigación, también se presenta el inmenso desafío de las granjas de insectos a gran escala, llamadas a multiplicarse un poco por doquier en el mundo. La cría de este «miniganado» es una apuesta fundamental para alimentar a una humanidad en constante crecimiento.

Como hemos visto a lo largo de este libro, los conocimientos científicos ya no permiten que se excluya a los insectos del debate público. Cuando hablamos de bienestar, el propósito se centra a menudo en el dolor, que es una emoción negativa percibida por el cerebro. Por consiguiente, el descubrimiento de manifestaciones próximas a las emociones en los abejorros, las abejas melíferas y las drosófilas es un argumento importante para modificar definitivamente nuestra opinión sobre esos animales. Durante mucho tiempo se creyó que los insectos no percibían el dolor porque se había observado que un saltamontes podía seguir comiendo mientras estaba siendo devorado por una mantis religiosa[3]. Es probable que esta observación estuviera incompleta y que el saltamontes estuviera ya muerto pero diera la sensación de seguir moviéndose debido a su actividad nerviosa residual, que provoca

---

[a] En Europa, los pulpos y las sepias son los únicos invertebrados a los que se aplican las leyes éticas. Para más información, véase la Directiva 2010/63/UE del 22 de septiembre de 2010 [Directiva de la UE relativa a la protección de los animales utilizados para fines científicos, https://www.boe.es/doue/2010/276/L00033-00079.pdf. *(N. de la T.)*.

[b] Este principio, introducido en 1959 por Willam Stratton Russel y Rex Burch, constituye el fundamento ético de la utilización de los animales para fines científicos según tres grandes reglas: reemplazar (utilizar otros modelos distintos del modelo animal cuando sea posible), reducir (disminuir el número de animales utilizados) y refinar (minimizar las limitaciones, el estrés y el dolor).

la contracción refleja de los músculos. Aunque los estudios sobre el dolor y las emociones de los insectos son recientes y todavía poco numerosos, varios de ellos sugieren muy claramente su existencia, al menos en el caso de las abejas y de las moscas[4]. Si los cefalópodos se consideran «vertebrados de honor», sería coherente tratar a los insectos de la misma manera.

Por estas razones, cada vez más investigadores proponen que se aplique un principio de precaución[5]. La historia nos ha demostrado en varias ocasiones que juzgar a las especies a partir de su mera apariencia no funciona. Por ejemplo, durante mucho tiempo se ha considerado que las aves eran animales carentes de inteligencia con un cerebro primitivo, mientras que hoy en día algunas personas las consideran «grandes monos con plumas»[6]. Si un animal expresa comportamientos parecidos a los nuestros cuando se ve sometido a los mismos estímulos, es probable que haya vivido una experiencia interna comparable[7]. ¿Y si las abejas fueran «grandes monos en miniatura»? Ya es hora de que adoptemos reglas más estrictas para proteger su bienestar mientras seguimos acumulando datos para comprenderlas mejor.

A pesar de las apariencias, nos parecemos mucho más a los insectos de lo que pensamos. Estudiar su inteligencia equivale a tratar de comprender mejor nuestra propia inteligencia. También es tomar conciencia de que pertenecemos plenamente al mundo animal. Personalmente, hace mucho tiempo que he dejado de atacar los hormigueros o de meter chinches en un tarro sin comida. Los insectos tienen una historia de cuatrocientos millones de años. Los trescientos mil años que han transcurrido desde la aparición de los primeros seres humanos se nos antojan muy insignificantes a su lado[8]. Abramos los ojos al mundo de los seres minúsculos, en el que la inteligencia se ha forjado otros caminos.

# POSFACIO
## DE JESSICA SERRA

La etología es fascinante en muchos aspectos. Cada especie estudiada entreabre las puertas a un nuevo mundo. Pero existen universos tan distintos que superan el entendimiento. Cual navegadores en busca de continentes inexplorados, algunos científicos aceptan el reto. Mathieu Lihoreau es uno de ellos. Ampliando las fronteras de la inteligencia animal, el investigador reivindica el respeto a los insectos. Su viaje al corazón de los mundos en miniatura cautiva en la misma medida en que trastoca nuestras certezas.

Algunas personas ilustres antes que él ya se habían propuesto revelar los misterios de estas minúsculas criaturas. De todas las sociedades de insectos estudiadas, ninguna ha sido más fascinante que la de las abejas. En su *Historia de los animales*[1], Aristóteles, que sin embargo no atribuye un logos[a] a los animales, reconoce que estos himenópteros sociales tienen una inteligencia admirable, superior a la de algunos «animales sanguíneos»[2]. La colmena se convierte en un modelo de organización política cuya meticulosa observación es susceptible de aclarar el funcionamiento de las sociedades humanas. En la época clásica, en la que prevalece la dominación masculina, el sabio le atribuye al rey de las abejas la regencia de la colonia. La insaciable actividad y la división del trabajo de las obreras deben inspirar a los hombres. Siglos más tarde se descubrirá que el monarca alado es de hecho una reina, que

---

[a] El logos es, según Aristóteles, una exclusiva del ser humano. De manera muy esquemática, caracteriza la especificidad de la comunicación y de la comunidad humanas.

no gobierna en absoluto, y que las obreras desempeñan sucesivamente funciones diferentes a lo largo de su vida. Para Plinio el Viejo, las divinas abejas «soportan la fatiga, realizan obras, tienen un estado, capacidad de decisión individual y jefes comunes», «y lo que es más admirable, tienen costumbres»[3]. Así, «si el rey muere por esta enfermedad, el pueblo se entristece sumiéndose en el dolor y la inactividad, y deja de recolectar alimentos y de salir; lo único que hace es apiñarse en torno a su cuerpo con un triste murmullo».

El pensamiento griego no fue el único que vislumbró en el noble insecto un modelo de virtud. Animal faro del bestiario bíblico, la abeja encarna la entrega, la devoción y el mérito. El teólogo Gregorio de Nisa la utiliza como metáfora para ilustrar el trabajo de los padres que forrajean las escrituras: «Conviene volar sobre la pradera de las palabras inspiradas por Dios, cada una libando esas flores para recibir de ellas el néctar y conservarlo en su corazón sin usar su aguijón»[4]. Más que forraje terrenal, la abeja simboliza el alimento espiritual. Inmaculada para algunos, símbolo de castidad para otros, la reina, capaz de dar vida a sus crías sin la ayuda de un macho, fascina a los defensores del dogma de la virginidad.

En su admirable obra *El filósofo y la abeja*[5], los hermanos Pierre-Henri y François Tavoillot explican que, cual espejo de la humanidad, a la abeja se le atribuyeron sucesivamente diferentes valores ideológicos. Libertaria y mutualista para el anarquista Proudhon, industrial para el economista Saint-Simon, será, para el presidente Adolphe Thiers[b], «el símbolo de un comunismo opuesto al liberalismo mercantil»[6].

Por su parte, Mathieu Lihoreau, más que ver la colmena como una metáfora de la humanidad, se ha colado en la cabeza del insecto real. Y el cambio de perspectiva es impresionante: «Algunos elementos que conseguíamos ver desaparecen [...], mientras que otros resaltan más porque tienen un significado biológico importante». En el reino de las abejas, algunas disfrutan aspirando el perfume de las flores, anclan ese

---

[b] Louis Adolphe Thiers (1797-1877), historiador y político francés. En varias ocasiones primer ministro bajo el reinado de Luis-Felipe de Francia, después de la caída del Segundo Imperio, se convirtió en presidente provisional de la Tercera República Francesa, ordenando la supresión de la Comuna de París en 1871; gobernó hasta 1873 bajo el título de presidente provisional. *(N. de la T.)*

vértigo sensorial en su memoria, se representan mentalmente el efluvio y, de regreso a palacio, transmiten sus deliciosos hallazgos bailando y meneándose. Localizan el valioso néctar orientándose con la ayuda de los astros y utilizan otras referencias visuales terrestres, que son capaces de contar. Y mientras las primeras se embriagan con sutiles perfumes, otras participan en la construcción de la colmena de líneas perfectas. No de manera automática, como lo imaginan los hombres, sino adaptándose a las limitaciones geométricas del espacio, lo que requiere «una imagen mental de la construcción» que desean realizar. Luego, cuando llega la hora de diseñar un nuevo nido, algunas se envalentonan. Estas Magallanes de los aires inspeccionan la menor cavidad, apreciando cada uno de sus detalles. Regresan a la colmena y difunden sus descubrimientos. Entonces, en el país de la miel, comienza el debate. Cada cual hace publicidad con más o menos ahínco del lugar elegido y «la decisión final se basa en la superioridad intrínseca del emplazamiento vencedor, evaluado numerosas veces por parte de centenares de individuos. Un modelo sencillo y eficaz de democracia».

¿Y qué decir de sus extraordinarias capacidades de aprendizaje? Que superan las hipótesis más descabelladas. Las abejas no solo son capaces de «copiar a sus congéneres», sino de «mejorar los comportamientos observados». El autor incluso plantea la probable existencia de una consciencia, puesto que estos himenópteros tienen «la capacidad de reconocerse como una entidad distinta» o las de planificar, «de recordar los acontecimientos específicos y de adoptar el punto de vista de otros individuos».

Mediante esta obra profusamente documentada, Mathieu Lihoreau rinde un vibrante homenaje a los insectos. ¡No, el mundo de los seres en miniatura no tiene nada que envidiarle al de los gigantes!

# AGRADECIMIENTOS

Quiero agradecerle a Jessica Serra que me propusiera escribir este libro. Lo que aquí describo es la suma del trabajo de varias generaciones de investigadores apasionados y llenos de talento, sin los que todavía ignoraríamos en gran medida la vida íntima de los insectos. Algunos de estos investigadores, con los que he tenido el placer de compartir aventuras, están citados en el texto. Otros no figuran pero ellos se reconocerán. Y por último, todo esto no habría sido posible sin el apoyo de mi magnífico grupo de investigación, de mi familia y de mis dos abejitas.

# NOTAS BIBLIOGRÁFICAS

## Prólogo

[1.] Descartes, R., *Discurso del método,* 1637.

[2] Von Frisch, K., *Vie et mœurs des abeilles,* París, Albin Michel, 1969; Seeley, T. D., *La démocratie chez les abeilles,* Versailles, Quae, 2017; Goulson, D., *Ma fabuleuse aventure avec les bourdons,* Montfort-en-Chalosse, Gaïa Éditions, 2019.

[3] Clément, H., *Le traité rustica de l'apiculture,* París, Rustica Éditions, 2018.

[4] Von Uexküll, J., *Mondes animaux et monde humain,* París, Éditions Gonthier, 1956.

## 1.  Problemas de orientación

[1] Menzel, R., y Giurfa, M., Cognitive architecture of a mini-brain: the honeybee, *Trends in Cognitive Sciences,* vol. 5, 2001, pp. 62-71.

[2] Clarke, D., Whitney, H., Sutton, G., y Robert, D., Detection and learning of floral electric fields by bumblebees, *Science,* vol. 340, 2013, pp. 66-69.

[3] Pahl, M., Zhu, H., Tautz, J., y Zhang, S., Large scale homing in honeybees, *PloS One,* vol. 6, 2011, p. e19669.

[4] Heinrich, B.. *Bumblebee economics,* Cambridge, Harvard University Press, 2004.

[5] Von Frisch, K., *The dance language and orientation of bees,* Cambridge, Cambridge University Press, 1967.

[6] Esch, H., y Burns, J., Distance estimation by foraging honey-bees, *Journal of Experimental Biology,* vol. 199, 1996, pp. 155-162.

[7] Srinivasan, M. V., Zhang, S. W., Altweig, M. y Tautz, J., Honeybee navigation: nature and calibration of the «odometer», *Science,* vol. 287, 2000, pp. 851-853.

[8] Wittlinger, M., Wehner, R., y Wolf, H., The ant odometer: stepping on stilts and stumps, *Science,* vol. 312, 2006, pp. 1965-1967.

[9] Von Frisch, K., *The dance language and orientation of bees, op. cit.*

[10] Cheeseman, J. F., et al., Way-finding in displaced clock-shifted proves bees use a cognitive map, *Proceedings of the National Academy of Sciences of the United States of America,* vol. 111, 2014, pp. 8949-8954.

[11]   Freeman, R. B., Charles Darwin on the routes of male humble bees, *Bulletin of the British Museum (Natural History) Historical Series,* vol. 3, 1968, pp. 177-189.

[12]   Lihoreau, M., Chittka, L., y Raine, N. E., Travel optimization by foraging bumblebees through re-adjustments of traplines after discovery of new feeding locations, *The American Naturalist,* vol. 176, 2010, pp. 744-767.

[13]   Bees' tiny brains beat computers, study finds, *The Guardian,* 24 de octubre de 2010.

[14]   Lihoreau, M., et al., Radar tracking and motion sensitive cameras on flowers reveal the development of pollinator multi-destination routes over large spatial scales, *PLoS Biology,* vol. 10, 2012, p. e1001392.

[15]   Menzel, R., et al., A common frame of reference for learned and communicated vectors in honeybee navigation, *Current Biology,* vol. 21, 2012, pp. 645-650.

[16]   O'Keefe, J., y Dostrovsky, J., The hippocampus as a spatial map. Preliminary evidence from unit activity in the freely-moving rat, *Brain Research,* vol. 34, 1971, pp. 171-175.

[17]   Brebner, J. S., et al., Bumble bees strategically use ground level linear features in navigation, *Animal Behaviour,* vol. 179, 2021, pp. 147-160.

[18]   Frasnelli, E., Hempel de Ibarra, N., y Stewart, F. J., The dominant role of visual motion cues in bumblebee flight control revealed through virtual reality, *Frontiers in Physiology,* vol. 9, 2018, p. 1038.

## 2.   Un perfume de *déjà-vu*

[1]   Wilson, E. O., *Sociobiology: The new synthesis,* Cambridge, Harvard University Press, 1975.

[2]   Vergoz, V., Schreurs, H. A., y Mercer, A., Queen pheromone blocks aversive learning in young worker bees, *Science,* vol. 317, 2007, pp. 384-386.

[3]   Van Oystaeyen, A., et al., Conserved class of queen pheromones stops social insect workers from reproducing, *Science,* vol. 343, 2014, pp. 287-290.

[4]   D'ettore, P., et al., Wax combs mediate nestmate recognition by guard honeybees, *Animal Behaviour,* vol. 71, 2006, pp. 773-779.

[5]   Pfeiffer, K. J., y Crailsheim, K., Drifting of honeybees, *Insectes Sociaux,* vol. 45, 1998, pp. 151-167.

[6]   Giraud, T., Pedersen, J. S., y Keller L., Evolution of super-colonies: The Argentine ants of southern Europe, *Proceedings of the National Academy of Sciences of the United States of America,* vol. 99, 2002, pp. 6075-6079.

[7]   Hamilton, W. D., The genetical evolution of social behvaiour I & II, *Journal of Theoretical Biology,* vol. 7, 1964, pp. 1-52.

[8]   Bell, W. J., Roth, L. M., y Nalepa, C. A., *Cockroaches: Ecology, behavior, and natural history,* Baltimore, The John Hopkins University Press, 2007.

[9]   Lihoreau, M., Zimmer, C., y Rivault, C., Kin recognition and incest avoidance in a group living insect, *Behavioral Ecology,* vol. 18, 2007, pp. 880-887.

[10]   Lihoreau, M., Rivault, C., y Van Zweden, J. S., Kin discrimination increases with odour distance in the German cockroach, *Behavioral Ecology,* vol. 27, 2016, pp. 1694-1701.

[11]   Tibbetts, E. A., Visual signals of individual identity in the wasp Polistes fuscatus, *Proceedings of the Royal Society of London, Series B: Biological Sciences,* vol. 269, 2002, pp. 1423-1428.

[12]   Laland, K. N., Animal cultures, *Current Biology,* vol. 18, 2008, pp. R366-R370.

[13] Leadbeater, E., y Chittka, L., A new mode of information transfer in foraging bumblebees?, *Current Biology,* vol. 15, 2005, pp. R447-R448.

[14] Dawson, E. H., Avarguès-Weber, A., Chittka, L., y Leadbeater, E., Learning by observation emerges from simple associations in an insect model, *Current Biology,* vol. 23, 2013, pp. 727-730.

[15] Alem, S., et al., Associative Mechanisms Allow for Social Learning and Cultural Transmission of String Pulling in an Insect, *PloS Biology,* vol. 14, 2016, pp. e1002564.

[16] Loukola, O. J., Perry, C. J., Coscos, L., y Chittka, L., Bumble-bees show cognitive flexibility by improving on an observed complex behavior, *Science,* vol. 355, 2017, pp. 833-836.

[17] Danchin, É., et al., Cultural flies: conformist social learning in fruitflies predicts long-lasting mate-choice traditions, *Science,* vol. 362, 2018, pp. 1025-1030.

[18] *Ibid.*

[19] Krupenye, C., y Call, J., Theory of mind in animals: Current and future directions, *Wires Cognitive Science,* vol. 10, 2019, e1503.

[20] Premack, D., y Woodruff, G., Does the chimpanzee have a theory of mind?, *The Behavioral and Brain Sciences,* vol. 4, 1978, pp. 514-526.

[21] Tibbetts, E. A., Wong, E., y Bonello, S., Wasps use social eavesdropping to learn about individual rivals, *Current Biology,* vol. 30, 2020, pp. 3007-3010.

## 3. Los límites de la inteligencia en miniatura

[1] Hammer, M., An identified neuron mediates the unconditioned stimulus in associative olfactory learning in honeybees, *Nature,* vol. 365, 1993, pp. 59-63.

[2] Libersat, F., y Gal, R., Wasp voodoo rituals, venom-cocktails, and the zombification of cockroach hosts, *Integrative and Computative Biology,* vol. 54, 2014, pp. 129-142.

[3] Pahl, M., Zhu, H., Pix, W., Tautz, J., y Zhang, S., Circadian timed episodic-like memory – a bee knows what to do when, and also where, *Journal of Experimental Biology,* vol. 210, 2007, pp. 3559-3567.

[4] Lubbock, J., Observations on ants, bees, and wasps – Part X, *The Journal of the Linnean Society of London – Zoology,* vol. 17, 1883, pp. 41-52.

[5] Von Frisch, K., Der Farbensinn und Formensinn der Biene, *Zoologische Jahrbücher (Psychologie),* vol. 35, 1915, pp. 1-188.

[6] Galpaysage Dona, H. S., y Chittka, L., Charles H. Turner, pioneer in animal cognition, *Science,* vol. 370, 2020, pp. 530-531.

[7] Turner, C. H., The homing of the burrowing-bees (Anthrophoridae), *The Biological Bulletin,* vol. 15, 1908, pp. 247-258.

[8] Turner, C. H., Experiments on color-vision of the honey bee, *The Biological Bulletin,* vol. 19, 1910, pp. 257-279.

[9] Giurfa, M., y De Brito Sánchez, M. G., Black lives matter: Revisiting Charles Henry Turner's experiments on honey bee color vision, *Current Biology,* vol. 30, 2020, pp. R1235-R1239.

[10] Giurfa, M., y Núñez, J. A., Honeybees mark with scent and reject recently visited flowers, *Oecologia,* vol. 89, 1992, pp. 113-117.

[11] Takeda, K., Classical conditioned response in the honey bee, *Journal of Insect Physiology,* vol. 6, 1960, pp. 168-179.

[12] *Ibid.*

[13]   Villar, M. E., Marchal, P., Viola, H., y Giurfa, M., Refining single-trial memories in the honeybee, *Cell Reports,* vol. 30, 2020, pp. 2603-2613.

[14]   Joerges, J., Küttner, A., Galizia, C. G., y Menzel, R., Representation of odours and odour mixtures in the honeybee brain, *Nature,* vol. 387, 1997, pp. 285-288.

[15]   Devaud, J.-M., et al., Neural substrate for higher-order learning in an insect: mushroom bodies are necessary for configural discriminations, *Proceedings of the National Academy of Sciences of the United States of America,* vol. 112, 2015, pp. 5854-5862.

[16]   Maguire, E. A., et al., Navigation-related structural change in the hippocampi of taxi drivers, *Proceedings of the National Academy of Sciences of the United States of America,* vol. 97, 2001, pp. 4398-4403.

[17]   Giurfa, M., Zhang, S., y Jenett, A., The concepts of «sameness» and «difference» in an insect, *Nature,* vol. 410, 2001, pp. 930-933.

[18]   Howard, S. R. et al., Numerical ordering of zero in honey bees, *Science,* vol. 360, 2018, pp. 1124-1126.

[19]   Chittka, L., y Geiger, K., Can honey bees count landmarks?, *Animal Behaviour,* vol. 49, 1995, pp. 159-164.

[20]   Bernard, J., y Giurfa, M., A test of transitive inferences in free-flying honeybees: unsuccessful performance due to memory constraints, *Learning & Memory,* vol. 11, 2004, pp. 328-336.

[21]   Tibbetts, E. A., Agudelo, J., Pandit, S., y Riojas, J., Transitive inference in Polistes paper wasps, *Biology Letters,* vol. 15, 2019, p. 20190015.

[22]   Lihoreau, M., y Rivault, C., Tactile stimuli trigger group effects in cockroach aggregations», *Animal Behaviour,* vol. 75, 2008, pp. 1965-1972.

[23]   Perry, C. J., Baciadonna, L., y Chittka, L., Unexpected rewards induce dopamine-dependent positive emotion-like state changes in bumblebees, *Science,* vol. 353, 2016, pp. 1529-1531.

[24]   *Ibid.*

[25]   Baracchi, D., et al., Nicotine in floral nectar pharmacologically influences bumblebee learning of floral features, *Scientific Reports,* vol. 7, 2017, p. 1951.

[26]   Shohat-Ophir, G., et al., Sexual deprivation increases ethanol intake in Drosophila, *Science,* vol. 335, 2012, pp. 1351-1355.

[27]   Solvi, C., Al-Khudhairy, S. G., y Chittka, L., Bumble bees display cross-modal object recognition between visual and tactile senses, *Science,* vol. 367, 2020, pp. 910-912.

[28]   Ravi, S., et al., Bumblebees perceive the spatial layout of their environment in relation to their body size and form to minimize inflight collisions, *Proceedings of the National Academy of Sciences of the United States of America,* vol. 117, 2020, pp. 31494-31499.

[29]   Perry, C. J., y Barron, A. B., Honey bees selectively avoid difficult choices, *Proceedings of the National Academy of Sciences of the United States of America,* vol. 110, 2013, pp. 19155-19159.

[30]   Smith, M. L., Napp, N., y Peterson, K. H., Imperfect comb construction reveals the architectural abilities of honeybees, *Proceedings of the National Academy of Sciences of the United States of America,* vol. 118, 2021, p. e2103605118.

[31]   Gallo, V., y Chittka, L., Stigmergy versus behavioral flexibility and planning in honeybee comb construction, *Proceedings of the National Academy of Sciences of the United States of America,* vol. 118, 2021, pp. e2111310118.

[32]   Lubbock, J., Observations on ants, bees, and wasps – Part X, art. cit.

[33]   Guiraud, M., Roper, M., y Chittka, L., High-speed videography reveals how honeybees can turn a spatial concept learning task into a simple discrimination task by stereoty-

ped flight movements and sequential inspection of pattern elements, *Frontiers in Psychology*, vol. 9, 2018, p. 1347.

[34] Loukola, O. J., Perry, C. J., Coscos, L., y Chittka, L., Bumble-bees show cognitive flexibility by improving on an observed complex behavior, *Science*, vol. 355, 2017, pp. 833-836.

[35] Chittka, L., y Wilson, C., Expanding consciousness, *American Scientist*, vol. 107, 2019, pp. 364-369.

[36] Tainton-Heap, L. A. L., et al., A paradoxical kind of sleep in Drosophila melanogaster, *Current Biology*, vol. 355, 2021, pp. 833-836.

[37] Barron, A. B., y Klein, C., What insects can tell us about the origins of consciousness, *Proceedings of the National Academy of Sciences of the United States of America*, vol. 113, 2016, pp. 4900-4908.

## 4. El superorganismo

[1] Tenczar, P., et al., Automated monitoring reveals extreme interindividual variation and plasticity in honeybee foraging activity levels, *Animal Behaviour*, vol. 95, 2014, pp. 41-48.

[2] Wheeler, W. M., The ant-colony as an organism, *The Journal of Morphology*, vol. 22, 1911, pp. 307-325.

[3] Pimentel Farias, A., et al., Nest architecture and colony growth of Atta bisphaerica grass-cutting ants, *Insects*, vol. 11, 2017, p. 741.

[4] Lindauer, M., Bienentänze in der Schwarmtraube, *Naturwissenschaften*, vol. 38, 1951, pp. 509-513.

[5] Seeley, T. D., et al., Stop signals provide cross inhibition in collective decision-making by honeybee swarms, *Science*, vol. 335, 2012, pp. 108-111.

[6] Goss, S., Aron, S., Deneubourg, J.-L., y Pasteels, J. M., Self-organized shortcuts in the Argentine ant, *Naturwissenschaften*, vol. 76, 1989, pp. 579-581.

[7] Beckers, R., Deneubourg, J.-L., Goss, S., y Pasteels, J. M., Collective decision making through food recruitment, *Insectes Sociaux*, vol. 37, 1991, pp. 258-267.

[8] Sasaki, T., y Pratt, S. C., Groups have a larger cognitive capacity than individuals, *Current Biology*, vol. 22, 2012, pp. R827-R829.

[9] Sasaki, T., et al., Ant colonies outperform individuals when a sensory discrimination task is difficult but not when it is easy, *Proceedings of the National Academy of Sciences of the United States of America*, vol. 110, 2013, pp. 13769-13773.

[10] Lihoreau, M., et al., Collective selection of food patches in Drosophila, *Journal of Experimental Biology*, vol. 219, 2016, pp. 668-675.

[11] Pankiw, T., y Page, R. E., The effects of genotype, age, and caste on response thresholds to sucrose and foraging behavior of honey bees, *Journal of Comparative Physiology A*, vol. 185, 1999, pp. 207-213.

[12] Klein, S., et al., Inter-individual variability in the foraging behaviour of traplining bumblebees, *Scientific Reports*, vol. 7, 2017, p. 4561.

[13] Chittka, L., Dyer, A. G., Bock, F., y Dornhaus, A., Bees trade off foraging speed for accuracy, *Nature*, vol. 424, 2003, p. 388.

[14] Burns, J. G., y Dyer, A. G., Diversity of speed-accuracy strategies benefits social insects, *Current Biology*, vol. 18, 2008, pp. R953-R954.

[15] Dussutour, A., Nicolis, S. C., Despland, E., y Simpson, S. J., Individual differences influence collective behaviour in social caterpillars, *Animal Behaviour*, vol. 76, 2008, pp. 5-16.

[16] Krieger, M. J. B., Billeter, J. B., y Keller, L., Ant-like task allocation and recruitment in cooperative robots, *Nature*, vol. 318, 2000, pp. 1155-1158.

[17] Halloy, J., et al., Social integration of robots into groups of cockroaches to control self-organized choices, *Science*, vol. 318, 2007, pp. 1155-1158.

[18] Landgraf, T., et al., Dancing honey bee robot elicits dance-following and recruits foragers, arXiv, 1803.07126, 2018.

[19] Bonnet, F., et al., Robots mediating interactions between animals for interspecies collective behaviors, *Science Robotics*, vol. 4, 2019, p. eaau7897.

[20] Bonabeau, E., Dorigo, M., y Theraulaz, G., Inspiration for optimization from social insect behaviour, *Nature*, vol. 406, 2000, pp. 39-42.

[21] Seeley, T. D., *Honeybee Democracy*, Princeton, Princeton University Press, 2012.

[22] Bak-Coleman, J. B., et al., Stewardship of global collective behavior, *Proceedings of the National Academy of Sciences of the United States of America*, vol. 118, 2021, p. e2025764118.

## 5. El «tarso» de Aquiles

[1] Engel, M. S., y Grimaldi, D. A., New light shed on the oldest insect, *Nature*, vol. 427, 2004, pp. 627-630.

[2] Hölldobler, B., y Wilson, E. O., *The superorganism: the beauty, elegance, and strangeness of insect societies*, Nueva York, Norton & Co, 2009.

[3] Sánchez-Bayo, F., y Wyckhuys, K. A. G., Wordlwide decline of the entomofauna: A review of its drivers, *Biological Conservation*, vol. 232, 2019, pp. 8-27.

[4] Van Klink, R., et al., Meta-analysis reveals declines in terrestrial but increases in freshwater insect abundances, *Science*, vol. 368, 2020, pp. 417-420.

[5] Klein, S., et al., Why bees are so vulnerable to environmental stressors, *Trends in Ecology and Evolution*, vol. 32, 2017, pp. 268-278.

[6] Henry, M., et al., A common pesticide decreases foraging success and survival in honey bees, *Science*, vol. 336, 2012, pp. 348-350.

[7] Crall, J. D., et al., Neonicotinoid exposure disrupts bumblebee nest behavior, social networks, and thermoregulation, *Science*, vol. 362, 2018, pp. 683-686.

[8] Kessler, S. C. et al., Bees prefer foods containing neonicotinoid pesticides, *Nature*, vol. 521, 2015, pp. 74-76.

[9] Siviter, H., Brown, M. J. F., y Leadbeater, E., Sulfoxaflor exposure reduces bumblebee reproductive success, *Nature*, vol. 561, 2018, pp. 109-112.

[10] Monchanin, C., Devaud, J.-M., Barron, A. B., y Lihoreau, M., Current permissible levels of metal pollutants harm terrestrial invertebrates, *Science of the Total Environment*, vol. 779, 2021, pp. 146398.

[11] Ponton, F., et al., Parasites survives predation on its host, *Nature*, vol. 440, 2006, p. 756.

[12] Perry, C. J., Sovik, E., Myerscough, M. R., y Barron, A. B., Rapid behavioral maturation failure of stressed honey bee colonies, *Proceedings of the National Academy of Sciences of the United States of America*, vol. 112, 2015, pp. 3427-3432.

[13] Mura, A., et al., Propolis consumption reduces Nosema ceranae infection of European honey bees (Apis mellifera), *Insects*, vol. 11, 2020, p. 124.

[14] Ono, M., Igarashi, T., Ohno, E., y Sasaki, M., Unusual thermal defence by a honeybee against mass attack by hornets, *Nature*, vol. 377, 1995, pp. 334-336.

[15] Stroeymeyt, N., et al., Social network plasticity decreases disease transmission in an eusocial insect, *Science*, vol. 362, 2018, pp. 941-945.

[16] Morais, L. H., Schreiber, H. L., y Mazmanian, S. K., The gut microbiota-brain axis in behaviour and brain disorders, *Nature Reviews Microbiology*, vol. 19, 2020, pp. 241-255.

[17] Vernier, C. L., et al., The gut microbiome defines social group membership in honey bee colonies, *Science Advances*, vol. 6, 2020, p. eabd3431.

[18] Sharon, G., et al., Commensal bacteria play a role in mating preference of Drosophila melanogaster, *Proceedings of the National Academy of the United States of America*, vol. 107, 2010, pp. 20051-20056.

[19] Wong, A. C. N., et al., Gut microbiota modifies olfactory-guided microbial preferences and foraging decisions in Drosophila, *Current Biology*, vol. 27, 2017, pp. 2397-2404.

[20] Denieu, M., Mounts, K., y Manier, M., Two gut microbes are necessary and sufficient for normal cognition in Drosophila melanogaster, *bioRxiv*, 2019.

[21] Raubenheimer, D., y Simpson, S. J., The geometry of compensatory feeding in the locust, *Animal Behaviour*, vol. 45, 1993, pp. 953-964.

[22] Csata, E. et al., «Ant foragers compensate for the nutritional deficiencies in the colony», *Current Biology*, vol. 30, 2020, pp. 1-8.

[23] Arien, Y., Dag, A., Zarchin, S., Masci, T., y Shafir, S., Omega-3 deficiency impairs honey bee learning, *Proceedings of the National Academy of Sciences of the United States of America*, vol. 112, 2015, pp. 15761-15766.

[24] Holden, C., Report warns of looming pollination crisis in North America, *Science*, vol. 314, 2006, p. 397.

[25] Farina, W. M., et al., Learning of a mimic odor within beehives improves pollination service efficiency in a commercial crop, *Current Biology*, vol. 30, 2020, pp. 4284-4290.

[26] Colin, T., Monchanin, C., Lihoreau, M., y Barron, A. B., Pesticide dosing must be guided by ecological principles, *Nature Ecology & Evolution*, vol. 4, 2020, pp. 1575-1577.

## Epílogo

[1] Jay Gould, S., *La Vie est belle*, París, Seuil, 1998.

[2] Chittka, L., y Niven, J., Are bigger brains better?, *Current Biology*, vol. 19, 2009, pp. R995-R1008.

[3] Eisemann, C. H., et al., Do insects feel pain? A biological view, *Experientia*, vol. 40, 1984, pp. 164-167.

[4] Baracchi, D., y Baciadonna, L., Insect sentience and the rise of a new inclusive ethics, *Animal Sentience*, vol. 29, 2020, p. 18.

[5] Carere, C., y Mather, J., *The Welfare of Invertebrate Animals*, Nueva York, Springer, 2019.

[6] Clayton, N., Corvid cognition: Feathered apes, *Nature*, vol. 484, 2012, pp. 453-454.

[7] Van Huis A., Welfare of farmed insects, *Journal of Insects as Food and Feed*, vol. 5, 2020, pp. 159-162.

[8] Hublin, J.-J., et al., New fossils from Jebel Irhoud, Morocco and the pan-African origin of Homo sapiens, *Nature*, vol. 546, 2017, pp. 289-292.

## Posfacio de Jessica Serra

[1] Düring I., *Aristote. Histoire des animaux*, t. I, l. 1-4, 1965.

[2] Byl, S., Aristote et le monde de la ruche, *Revue belge de Philologie et d'Histoire*, vol. 56, n.° 1, 1978, pp. 15-28.

[3] Van de Woestijne, P., Pline l'Ancien, Histoire naturelle. Livre XI, texte établi, traduit et commenté par A. Ernout et le Dr. R. Pépin – Livre XII, texte établi, traduit et commenté par A. Ernout, *Revue belge de Philologie et d'Histoire*, vol. 28, n.° 3, 1950, pp. 1119-1120. [Ed. cast., Plinio, *Historia Natural*, Madrid, Cátedra (2002).]

[4] Gregorio de Nisa, hom. 9, *Sur le Cantique des cantiques*, trad. C. Bouchet, Les Pères dans la Foi 49-50, pp. 193-194, rev. en la ed. de H. Langerbeck, *Gregorri Nysseni Opera* VI, Leyde, 1960, pp. 269, l. 11-20. [Ed. cast.: Gregorio de Nisa, *Homilías sobre el Cantar de los Cantares*, Madrid, BAC (2001).]

[5] Tavoillot, P. H., y Tavoillot, F., *L'abeille (et le) philosophe: étonnant voyage dans la ruche des sages*, París, Odile Jacob, 2015. [Ed. cast.: *El filósofo y la abeja*. Espasa Calpe (2017).]

[6] L'abeille ou le miroir des idées, *L'Humanité*, 7 de septiembre de 2015.

www.edicionespiramide.es